市政工程施工技术与项目管理研究

刘　策　袁志永　韦海东　著

汕頭大學出版社

图书在版编目（CIP）数据

市政工程施工技术与项目管理研究 / 刘策，袁志永，韦海东著．-- 汕头 ：汕头大学出版社，2024.3
ISBN 978-7-5658-5270-1

Ⅰ．①市… Ⅱ．①刘… ②袁… ③韦… Ⅲ．①市政工程－工程施工－研究②市政工程－工程项目管理－研究 Ⅳ．① TU99

中国国家版本馆 CIP 数据核字（2024）第 079227 号

市政工程施工技术与项目管理研究
SHIZHENG GONGCHENG SHIGONG JISHU YU XIANGMU GUANLI YANJIU

作　　者：刘　策　袁志永　韦海东
责任编辑：黄洁玲
责任技编：黄东生
封面设计：周书意
出版发行：汕头大学出版社
　　　　　广东省汕头市大学路 243 号汕头大学校园内　邮政编码：515063
电　　话：0754-82904613
印　　刷：廊坊市海涛印刷有限公司
开　　本：710mm × 1000mm 1/16
印　　张：10
字　　数：170 千字
版　　次：2024 年 3 月第 1 版
印　　次：2024 年 4 月第 1 次印刷
定　　价：56.00 元
ISBN 978-7-5658-5270-1

前言 PREFACE

市政工程是构建城市物质文明和精神文明的重要基础设施。它不仅代表城市发展的基础，也是保障城市可持续发展的关键设施。城市化进程的加快使得市政建设工程的投资大幅增加，尤其是在大型道路、桥梁、综合管廊、给排水场站、垃圾填埋场和隧道工程等领域。因此，市政建设工程的投资具有重要意义，需要得到充分的重视。在城市开发建设的过程中，涌现出众多新理念、新方法和新技术。例如，低冲击开发模式、共同沟技术、降噪排水沥青路面施工技术、道路改造加铺工程技术以及市政工程项目管理的新模式等，这些都是为了适应社会发展的新形势和新需求。为了不被社会发展的浪潮所淘汰，市政工程施工及管理人员需要与时俱进，紧跟时代发展的步伐。他们需要不断学习和掌握新技术、新方法，以便更好地适应和推动城市建设的发展，从而更有效地服务于社会和城市的持续发展。

本书的特色是以市政工程建设与管理为对象，本着“突出重点、注重实用、避免重复”的原则，使其更加具有系统性。本书在撰写时，注意与相关学科基本理论和知识的联系，注意反映施工新技术与管理新方法在实践中的运用，注意突出对解决工程实践问题的能力培养，力求做到层次分明、条理清晰、结构合理。这些知识可以提高施工项目管理水平。只有企业管理人员掌握相关知识，才能更好地制定并实施各项管理制度，促进市政工程施工技术与项目管理的进一步发展。

目录
CONTENTS

第一章　市政工程施工组织

第一节　市政工程项目施工基础

一、市政工程项目与施工建设程序

（一）市政工程项目的概念

1.项目

项目，是指在一定的约束条件下（资源条件、时间条件），具有明确目标的、有组织的一次性活动或任务。

（1）一次性。一次性又称项目的单件性，每个项目都具有与其他项目不同的特点，即没有完全相同的项目。

（2）目标的明确性。项目必须按合同约定在规定的时间和预算造价内完成符合质量标准的工作任务。没有明确目标就称不上项目。

（3）整体性。项目是一个整体，在协调组织活动和配置生产要素时，必须考虑其整体需要，以提高项目的整体优化。

2.市政工程项目

市政工程项目是指为实现城市基础设施的新建、改建或扩建而进行的工程。这些工程遵循法律程序立项，且在资源、时间和质量的约束条件下进行。每个项目都设有完善的组织结构和明确的目标，涵盖一次性建设任务或工作。这类工程特点包括规模庞大、位置固定、种类多样及持久性强。

（二）市政工程项目的组成

市政工程项目按其构成的大小可分为单项工程、单位工程、分部工程、分项工程和检验批。

1.单项工程

单项工程是指具有独立设计文件，能独立组织施工，竣工后可以独立发挥生产能力和经济效益的工程，又称为工程项目。一个市政工程项目可以由一个或几个单项工程组成。例如，市政工程中的道路、立交、广场等均为单项工程。

2.单位工程

单位工程是指具有单独设计文件，可以独立施工，但竣工后一般不能独立发挥生产能力和经济效益的工程。一个单项工程通常由若干个单位工程组成。例如，城市道路工程通常由道路工程、管道安装工程、设备安装工程等单位工程组成。

3.分部工程

分部工程一般是按单位工程的部位、专业性质来划分的，是单位工程的进一步分解。例如，道路工程又可分为道路路基、道路基层、道路面层、人行道等分部工程。

4.分项工程

分项工程是构成分部工程的基本单元，通常根据施工方法、材料类型、结构构件规格等因素进行细分。每个分项工程都可通过简化的施工流程独立完成。例如，在道路路基工程中，可将工程细分为土方路基、石方路基、路基处理和路肩等不同的分项工程。

5.检验批

分项工程可由一个或若干个检验批组成，检验批可根据施工及质量控制和专业验收需要按施工段、变形缝等进行划分。

（三）市政工程项目的建设程序

建设程序是指项目从设想、选择、评估、决策、设计、施工到竣工验收、投入生产整个建设过程中，各项工作必须遵循的先后次序的法则。

目前我国基本建设程序的内容和步骤：决策阶段主要包括编制项目建议

书、可行性研究报告；实施阶段包括设计前的准备阶段、设计阶段、施工阶段、动用前准备和保修阶段；项目后评价阶段。

（四）市政工程的施工程序

市政工程的施工程序是指项目承包方从接受工程任务到工程竣工验收的整个过程中必须遵循的顺序性步骤，它是市政工程建设过程中的关键阶段。

1.投标与签订合同阶段

在投标与签订合同阶段，建设单位在完成工程设计和建设准备后，一旦满足招标条件，便会发布招标公告或发出邀请函。施工单位在看到招标公告或邀请函之后，将基于企业经营战略进行投标决策并参与竞标。本阶段的主要目标是签订工程承包合同，具体包括以下步骤：

（1）施工企业从战略角度考虑，决定是否参与投标。

（2）决定投标后，施工企业将从多个方面（包括企业自身资源、相关单位、市场情况、现场环境等）收集相关信息。

（3）基于所收集的信息，编制既符合企业盈利目标又具有竞争力的投标文件。

（4）若成功中标，施工单位将与招标方进行谈判，并依法签订工程承包合同，确保合同符合国家法律法规及国家计划的规定，同时遵循平等互利的原则。

2.施工准备阶段

签订施工合同后，应组建项目经理部。以项目经理为主，与企业管理层、建设（监理）单位配合，进行施工准备，使工程具备开工和连续施工的基本条件。本阶段主要进行下述工作。

（1）组建项目经理部，根据需要建立机构，配备管理人员。

（2）编制项目管理实施规划，指导施工项目管理活动。

（3）进行施工现场准备，使现场具备施工条件。

（4）提出开工报告，等待批准开工。

3.施工阶段

施工过程是施工程序中的主要阶段，应从施工的全局出发，按照施工组织设计，精心组织施工，加强各单位、各部门的配合与协作，协调解决各方面的问题，使施工顺利开展。本阶段主要进行的工作如下所述。

（1）在施工中努力做好动态控制工作，保证目标任务的实现。

（2）管理好施工现场，实行文明施工。

（3）严格履行施工合同，协调好内外关系，管理好合同变更及索赔。

（4）做好记录、协调、检查、分析工作。

4.验收、交工与决算阶段

验收、交工与决算阶段称为“结束阶段”，与建设项目的竣工验收阶段同步进行。其目标对内是对成果进行总结、评价，对外是结清债权债务，结束交易关系。本阶段主要进行下述工作。

（1）工程结尾。

（2）进行试运转。

（3）接受正式验收。

（4）整理、移交竣工文件，进行工程款结算，总结工作，编制竣工总结报告。

（5）办理工程交付手续。

二、市政工程与市政工程施工的特点

市政工程多种多样，但总结起来有体积庞大、整体难分、不能移动等特点。只有对市政工程及其施工特点进行研究，才能更好地组织市政工程施工，保证工程质量。

（一）市政工程的特点

1.固定性

市政工程项目是根据特定使用要求在预定地点施建的。这意味着一旦建设完成，如桥梁、地铁等设施，它们在建造过程中以及建成之后均无法移动。

2.多样性

市政工程通常由设计和施工单位根据建设单位（业主）的委托和具体要求进行设计与施工。这些项目的功能需求各异，即便是功能和类型相同的项目，也会因地形、地质等自然条件的差异，以及交通运输、材料供应等社会条件的不同，导致施工组织和方法存在显著差异。

3.庞体性

市政工程通常规模庞大，对城市形象有显著影响。因此，在规划阶段，必须遵循城市规划的相关要求，确保项目的整体协调与城市发展目标的一致性。

4.复杂性

市政工程在建筑风格、功能、结构构造等方面都比较复杂，其施工工序多且错综复杂。

（二）市政工程施工的特点

市政工程施工的特点是由市政工程项目自身的特点所决定的。市政工程概括起来具有下述特点：

1.施工的流动性

市政工程的流动性决定了施工时人、机、料等不但要随着建造地点的改变而改变，而且还要随施工部位的改变在不同的空间流动，这就要求有一个周密的施工组织设计，使流动的人、机、料等相互配合，做到连续、均衡施工。

2.施工的单件性

市政工程项目的多样性决定了施工的单件性，不同的甚至相同的构筑物，在不同地区、季节及施工条件下，施工准备工作、施工工艺和施工方法等也不尽相同，所以市政工程只能是单件生产，而不能按通用定型的施工方案重复生产。

这一特点就要求施工组织设计编制者考虑设计要求、工程特点、工程条件等因素，制定出可行的施工组织方案。

3.施工的长期性

市政工程的庞体性决定了其工程量大、施工周期长，故应科学地组织施工生产，优化施工工期，尽快提高投资效益。

4.施工的综合性

市政工程的施工综合性体现在其复杂性和多方面的挑战上，包括施工的流动性、项目的唯一性、受自然环境影响的程度较大，以及特殊的作业条件，如高空作业、立体交叉作业和地下作业等。此外，临时用工的广泛应用和协作配合关系的复杂性也是其特点之一。这些因素共同决定了市政工程施工组织与管理的综合性。为了应对这些挑战，施工组织设计必须全面考虑，制定出周密的技术、质量、安全和节约等保证措施，以避免质量和安全事故，确保安全高效的生产运行。

三、市政工程施工组织设计的作用与分类

（一）施工组织设计的概念及作用

1.施工组织设计的概念

施工组织设计是规划和指导拟建工程从工程投标、签订承包合同、施工准备到竣工验收全过程的一个综合性技术经济文件，是对拟建工程在人力和物力、时间和空间、技术和组织等方面所做的全面合理的安排，是沟通工程设计与施工之间的桥梁。作为指导工程项目的全局性文件，施工组织设计既要体现拟建工程的设计和使用要求，又要符合建筑施工的客观规律。因此应尽量适应施工过程的复杂性和具体施工项目的特殊性，通过科学、经济、合理的规划安排，使工程项目施工能够连续、均衡、协调地进行，以满足工程项目对工期、质量、投资等方面的各项要求。

2.施工组织设计的作用

施工组织设计是用以指导施工组织与管理、施工准备与实施、施工控制与协调、资源的配置与使用等全面性的技术经济文件，是对施工活动的全过程进行科学管理的重要手段。其作用具体表现在以下方面：

（1）施工组织设计是规划和指导拟建工程从施工准备到竣工验收的全过程。

（2）施工组织设计是根据工程各种具体条件拟订的施工方案、施工顺序、劳动组织和技术组织措施等，是指导开展紧凑、有序施工活动的技术依据。

（3）施工组织设计可有效进行成本控制、降低生产费用、获取更多利润。

（4）施工组织设计，可将工程的设计与施工、技术与经济、施工全局性规律与局部性规律、土建施工与设备安装、各部门之间、各专业之间有机结合，统一协调。

（5）通过编制施工组织设计，可分析施工中的风险和矛盾，及时研究解决问题的对策、措施，从而提高施工的预见性，减少盲目性。

（二）施工组织设计的分类

1.按编制时间分类

施工组织设计是建设工程管理中的一个关键环节，根据其编制时间的不同，可分为两大类：投标前施工组织设计（简称标前设计）和签订工程承包合同后的施工组织设计（简称标后设计）。这两种设计各有其特点和侧重点，对工程项目的成功有着不同的影响。

一方面，标前设计主要发生在投标与签约阶段，这是一个以规划为主要特征的阶段。在这个阶段，经营管理者通常负责编制施工组织设计，目的在于通过详尽的规划和策略制定，增强企业投标的竞争力，从而获得中标机会。标前设计的核心在于展现企业的综合实力和项目管理能力，以及如何在保证质量的前提下，通过有效的资源配置和管理，达到经济效益的最大化。这要求设计者不仅要有丰富的行业经验，还需要具备前瞻性的市场洞察力，以便制订出具有竞争力的计划方案。

另一方面，标后设计则是在签约后、开工前进行，涵盖从施工准备阶段至项目验收阶段的全部工作。这一阶段的设计由项目管理者负责，其主要特征是作业性强。在标后设计中，重点在于确保施工过程的效率和效益，包括如何合理安排施工进度，有效控制成本，确保施工质量，以及应对各种可能出现的风险和挑战。项目管理者需要根据实际施工环境和资源配置，灵活调整计划，确保项目按时按质完成。标后设计更多关注具体的施工细节和实施策略，要求设计者具有扎实的专业知识、丰富的现场经验和出色的问题解决能力。

2.按编制对象分类

按编制对象的不同可分为三类：施工组织总设计、单位工程施工组织设计和分部（分项）工程施工组织设计。

（1）施工组织总设计。施工组织总设计是以一个项目或一个工程群为编制对象，用以指导一个项目或一个工程群施工全过程的各项施工活动的技术、经济和组织的综合性文件。施工组织总设计一般是在建设项目的初步设计或扩大初步设计被批准之后，由总承包单位的总工程师负责，会同建设、设计和分包单位的工程师共同编制。

（2）单位工程施工组织设计。单位工程施工组织设计是针对特定单位工程编制的文件，旨在指导该工程的施工活动。它作为施工单位制订作业计划及季、月、旬施工计划的基础，同时提供具体的指导。该设计由项目技术负责人在施工图设计完成且工程开工前进行编制。

（3）分部（分项）工程施工组织设计。分部（分项）工程施工组织设计也称分部（分项）工程施工作业指导书。它是以分部（分项）工程为编制对象，用以具体实施分部（分项）工程施工全过程的施工活动的技术、经济和组织的实施性文件。分部（分项）工程施工组织设计一般在单位工程施工组织设计确定了施工方案后，由施工单位技术员编制。

第二节　市政工程流水施工

一、流水施工的基本概念

（一）常用的施工组织方式

工程施工中常用的组织方式有三种，分别为依次施工、平行施工、流水施工（如表1-1）。

表1-1　三种施工方式的特点比较

比较内容	依次施工	平行施工	流水施工
工作面利用情况	不能充分利用工作面	充分地利用了工作面	合理、充分地利用了工作面
工期	最长	最短	适中
窝工情况	按施工段依次施工，有窝工现象	若不进行协调，则有窝工	主导施工过程班组，不会有窝工现象
专业班组	实行，但要消除窝工则不能实行	实行	实行

续表

比较内容	依次施工	平行施工	流水施工
资源投入情况	日资源用量小，品种单一，且不均匀	日资源用量大，品种单一，且不均匀	日资源用量适中，且比较均匀
对劳动生产率和工程质量的影响	不利	不利	有利

从以上对比分析中可以看出流水施工方式具有下述特点：

（1）充分利用工作面进行施工，工期较短。

（2）各工作队实现了施工专业化，有利于提高技术水平和劳动生产率，有利于提高工程质量。

（3）专业工作队能够连续施工，并使相邻专业队的开工时间最大限度地合理搭接。

（4）单位时间内资源的使用比较均衡，有利于资源供应的组织。

（5）为施工现场的文明施工和科学管理创造了有利条件。

（二）流水施工的基本参数

在组织流水施工时，为了准确地表达各施工过程在时间和空间上的相互依存关系，需引入一些参数，这些参数称为流水施工参数。流水施工参数可分为工艺参数、空间参数和时间参数（如表1–2）。

表1-2　流水施工基本参数

序号	类别	基本参数	代号	说明
1	工艺参数	施工过程数	n	参与一组流水的施工过程数目
		流水强度	V_i	某施工过程在单位时间内所完成的工程量
2	空间参数	施工段	m	将施工对象在平面上划分为若干个劳动量大致相等的施工区段，这些施工区段称为施工段
		施工层	r	为满足专业工种对操作高度的要求，通常将施工项目在竖向上划分为若干个作业层，这些作业层称为施工层

续表

序号	类别	基本参数	代号	说明
2	空间参数	工作面	a	安排专业工人进行操作或者布置机械设备进行施工所需的活动空间
3	时间参数	流水节拍	t_i	从事某一施工过程的施工队在某一个施工段上完成所对应施工任务所需的时间
		流水步距	$K_{i,i+1}$	相邻两个施工过程的施工队先后进入同一施工段开始施工的时间间隔
		间歇时间	t_j	相邻两个施工过程之间必须留有的时间间隔，分为技术间歇和组织间歇
		搭接时间	t_d	当上一施工过程为下一施工过程提供了足够的工作面，下一施工过程可提前进入该段施工，即为搭接施工，该时间为搭接时间
		流水工期	T	完成一项工程任务或一个流水组施工所需的时间

1.工艺参数

在组织流水施工时，用以表达流水施工在施工工艺上开展顺序及其特征的参数，称为工艺参数。工艺参数包括施工过程数和流水强度两种。

（1）施工过程数。施工过程数（n）是将整个建造对象分解成几个施工步骤，每一步骤就是一个施工过程，以符号n表示。

（2）流水强度。流水强度（V_i）是指某施工过程在单位时间内所完成的工程量，一般以V_i表示。流水强度包括机械施工过程的流水强度和人工施工过程的流水强度。流水强度的计算方式如式1–1。

$$V_i = \sum_{i=1}^{x} R_i S_i \quad \text{（式1–1）}$$

式中：V_i——某施工过程i的机械操作流水程度；

R_i——投入施工过程i的某种施工机械台数；

S_i——投入施工过程i的某种施工机械产量定额；

x——投入施工过程i的某种施工机械种类数。

2.空间参数

在组织流水施工时，用以表达流水施工在空间布置上所处状态的参数称为空间参数。空间参数主要有施工段、施工层、工作面。

（1）施工段和施工层。施工段（m）和施工层（r）是指工程对象在组织流水施工中所划分的流水施工的空间参数和施工区段数目。一般将平面上划分的若干个劳动量大致相等的施工区段称为施工段，用符号r表示。将构筑物垂直方向划分的施工区段称为施工层，用符号r表示。

①划分施工段的目的。划分施工段的目的在于组织流水施工。由于市政工程体积庞大，可以将其划分成若干个施工段，从而为组织流水施工提供足够的空间。

②划分施工段的原则。一是同一专业施工队在各个施工段上的劳动量大致相等，相差幅度不宜超过10%～15%；二是每个施工段要有足够的工作面，以保证工人、施工机械的生产效率，满足合理劳动组织的要求；三是施工段的界限尽可能与结构界限（如沉降缝、伸缩缝等）相吻合，或设在对结构整体性影响小的部位，以保证建筑结构的整体性；四是施工段的数目要满足合理流水施工的要求。施工段数目过多，会降低施工速度、延长工期；施工段过少，不利于充分利用工作面，可能造成窝工。

（2）工作面。某专业工种的工人在从事施工生产过程中所必须具备的活动空间，这个活动空间称为工作面。工作面确定合理与否，直接影响专业工作队的生产效率。因此，必须合理确定工作面。

3.时间参数

在组织流水施工时，用以表达流水施工在时间排列上所处状态的参数，称为时间参数。主要包括流水节拍、流水步距、搭接时间、技术与组织间歇时间、工期。

（1）流水节拍。流水节拍（t_i）是指从事某一施工过程的施工队在一个施工段上完成施工任务所需的时间，用符号t_i表示（i=1，2，…，n）。流水节拍的大小决定着施工速度和施工的节奏，也是区别流水施工组织方式的特征参数。

确定流水节拍的方法。

①定额计算法，计算公式如式1–2、式1–3：

$$t_i = \frac{Q_i}{S_i R_i Z_i} = \frac{P_i}{R_i Z_i} \quad \text{（式1–2）}$$

$$t_i = \frac{Q_i H_i}{R_i Z_i} = \frac{P_i}{R_i Z_i} \quad \text{（式1–3）}$$

式中：t_i——某施工过程的流水节拍；

Q_i——某施工过程在某施工段上的工程量或工作量；

S_i——某施工队的计划产量定额；

H_i——某施工队的计划时间定额；

P_i——在某一施工段上完成某施工任务所需的劳动量或机械台班数量；

R_i——某施工过程所投入的人工数或机械台数；

Z_i——专业工作队的工作班次。

②工期倒排法：对必须在规定日期完成的工程项目，可采用倒排进度法。

③经验估算法：根据以往的施工经验估算出流水节拍的最长、最短和正常三种时间，据此求出期望时间值作为某专业工作队在某施工段上的流水节拍。计算公式如式1–4。

$$t_i = \frac{a + 4c + b}{6} \quad \text{（式1–4）}$$

式中：t_i——某施工过程在某施工段上的流水节拍；

a——某施工过程在某施工段上的最短估算时间；

b——某施工过程在某施工段上的最长估算时间；

c——某施工过程在某施工段上的正常估算时间。

（2）流水步距。流水步距（$K_{i,i+1}$）是指相邻两个施工过程的施工队组先后进入同一施工段开始施工的时间间隔，用符号$K_{i,i+1}$表示（i表示前一个施工过程，i+1表示后一个施工过程）。确定流水步距应考虑以下因素：

①各施工过程按各自流水速度施工，始终保持工艺先后顺序。

②各施工过程的专业队投入施工后尽可能保持连续作业。

③相邻两个专业队在满足连续施工的条件下，能最大限度地实现合理搭接。

（3）间歇时间。间歇时间（t_j）组织流水施工时，由于施工过程之间的工艺或组织上的需要，必须停留的时间间隔，包括技术间歇时间和组织间歇时间。

①技术间歇时间：指由于施工工艺或质量保证的要求，在相邻两个施工过程之间必须留有的时间间隔。例如，钢筋混凝土的养护、路面找平干燥等。

②组织间歇时间：指由于技术组织原因，在相邻两个施工过程中留有的时间间隔，称为组织间歇时间。例如，基础工程的验收、浇筑混凝土之前检查钢筋和预埋件并做记录等。

（4）搭接时间t_d：当上一施工过程为下一施工过程提供了足够的工作面，下一施工过程可提前进入该段施工，即为搭接施工。搭接施工的时间即为搭接时间。搭接施工可使工期缩短，应多且合理采用。

（5）流水工期（T）：指完成一项工程任务或一个流水组施工所需的时间。由于一项市政工程往往包含许多流水组，故流水施工工期一般不是整个工程的总工期。计算公式如式1–5。

$$T=\sum K_{i,i+1}+\sum T_n \qquad （式1–5）$$

式中：T——流水施工的工期；

$\sum T_n$——最后一个施工过程在各个施工段的持续时间之和；

$K_{i,i+1}$——流水步距。

（三）组织流水施工的条件

（1）将施工对象的建造过程分成若干个施工过程，每个施工过程分别由专业施工队负责完成。

（2）施工对象的工程量能划分成劳动量大致相等的施工段（区）。

（3）能确定各专业施工队在各施工段内的工作持续时间（流水节拍）。

（4）各专业施工队能连续地由一个施工段转移到另一个施工段，直至完成同类工作。

（5）不同专业施工队之间完成施工过程的时间应适度搭接、保证连续（确定流水步距），这是流水施工的显著特点。

二、流水施工的组织方式

流水施工作为现代建筑领域的一种重要组织方式，其核心在于按照特定的节拍和顺序来安排施工活动，以提高工程效率和质量。流水施工的方法根据节拍的规律性可分为有节奏流水和无节奏流水两大类型。

有节奏流水施工是一种高度规范化的施工组织方式，其特点是在整个建设过程中保持一致的施工节拍。这种方式可进一步细分为等节奏流水和异节奏流水。等节奏流水，也被称为全等节拍流水，意味着在所有施工段和不同施工过程中，施工的节拍完全相同。这种方法是理想化的流水施工形式，可进一步分为等节拍等步距流水和等节拍不等步距流水。前者指的是施工过程中每一步的时间和步长都保持一致，而后者则允许步长的不同，但要求每一步的时间保持一致。相对而言，异节奏流水则是一种更加灵活的组织方式，它允许不同施工过程之间的节拍保持一致，但不同施工过程的节拍可以有所不同。这种方式可以根据施工过程的需要调整节拍，分为成倍节拍流水和不等节拍流水两种。

无节奏流水施工则是一种更加灵活的施工组织方式。它适用于那些因技术或施工条件限制无法实现统一节拍的项目。在无节奏流水施工中，同一施工过程在不同施工段的节拍可能会有所差异。这种方式虽然在组织上看起来较为复杂，但它提供了更大的灵活性，可以根据实际情况调整施工节拍，从而适应各种不同的施工环境和要求。无节奏流水施工的关键在于合理规划和调整施工节拍，确保各个阶段的施工活动能够有效衔接，从而保证整个建设项目的高效和质量。

第三节　市政工程单位施工的组织设计

单位工程施工组织设计是针对施工过程的复杂性，用系统的思想并遵循技术经济规律，对拟建工程的各阶段、各环节以及所需的各种资源进行统筹安排的技术经济文件。它力求将复杂的生产过程，通过科学、经济、合理的规划安排，使市政工程项目能够连续、均衡、协调地进行施工，以满足市政工程项目对工期、质量及投资方面的各项要求。由于市政工程具有单件性的特点，因此，人们根据不同工程的特点编制相应的单位工程施工组织设计是施工管理中的重要环节。

一、单位工程施工组织设计的概念

单位工程施工组织设计是指工程项目在开工前，根据设计文件及业主和监理工程师的要求，以及主客观条件，对拟建工程项目施工的全过程在人力和物力、时间和空间、技术和组织等方面所进行的一系列筹划和安排。它是指导拟建工程项目进行施工准备和正常施工的基本技术经济文件。

单位工程施工组织设计作为指导拟建工程项目的全局性文件，应尽量适应施工安装过程的复杂性和具体施工项目的特殊性，并且尽可能保持施工生产的连续性、均衡性和协调性，以实现生产活动的最佳经济效果。

二、单位工程施工组织设计的作用

单位工程施工组织设计在每项市政工程中都具有重要的规划作用、组织作用和指导作用，具体表现在下述几个方面。

（1）单位工程施工组织设计是施工准备工作的一项重要内容，同时又是指导各项施工准备工作的依据。

（2）单位工程施工组织设计可体现实现基本建设计划和设计的要求，进一步验证设计方案的合理性与可行性。

（3）单位工程施工组织设计为拟建工程所确定的施工方案、施工进度等，是指导开展紧凑、有序施工活动的技术依据。

（4）单位工程施工组织设计所提出的各项资源需要量计划，直接为物资供应工作提供数据。

（5）单位工程施工组织设计是对现场所做的规划与布置，为现场的文明施工创造了条件，并为现场平面管理提供了依据。

（6）单位工程施工组织设计对施工企业的施工计划起决定和控制性的作用。施工计划是根据施工企业对市场进行科学预测和中标的结果，结合本企业的具体情况，制订出的企业不同时期应完成的生产计划和各项技术经济指标，而单位工程施工组织设计是按具体的拟建工程对象的开、竣工时间编制的指导施工的文件。单位工程施工组织设计是编制施工企业施工计划的基础，而制定单位工程施工组织设计又应服从企业的施工计划，两者相辅相成、互为依据。

三、单位工程施工组织设计的分类及任务

单位工程施工组织设计是根据合同文件来编制的，按编制的时间和目的，划分为指导性单位工程施工组织设计、实施性单位工程施工组织设计和特殊工程单位工程施工组织设计。

（一）指导性单位工程施工组织设计

指导性单位工程施工组织设计是指施工单位在参加工程投标时，根据工程招标文件的要求，结合本单位的具体情况，编制的单位工程施工组织设计。

（二）实施性单位工程施工组织设计

工程中标后，对于单位工程和分部工程，应在指导性单位工程施工组织设计的基础上分别编制实施性的单位工程施工组织设计。

（三）特殊工程单位工程施工组织设计

在某些特定情况下，针对工程的具体情况有时还需编制特殊的单位工程施工组织设计，如某些特别重要和复杂，或缺乏施工经验的分部分项工程，如复杂的桥梁基础工程、站场的道岔铺设工程、特大构件的吊装工程、隧道施工中喷锚工程等。为了确保施工工期和质量的准确性，有必要编制专门的单位工程施工组织设计。但不可忽视的是，在编制这种特殊的单位工程施工组织设计时，必须确保其开工与竣工的工期与总体单位工程施工组织设计保持一致。

四、单位工程施工组织设计的编制

（一）单位工程施工组织设计编制的要求与原则

1.单位工程施工组织设计的编制要求

（1）技术负责人应组织有关施工技术人员、物资装备管理人员、工程质检人员学习、熟悉合同文件和设计文件，将编制任务分工落实，限时完成并应有考核措施。

（2）单位工程施工组织设计应有目录，并应在目录中注明各部分的编制者。

（3）尽量采用图表和示意图，做到图文并茂。

（4）应附有缩小比例的工程主要结构物平面和立面图。

（5）若工程地质情况复杂，可附上必要的地质资料（或图纸、岩土力学性能试验报告）。

（6）多人合作编制的单位工程施工组织设计，必须由工程技术主管统一审核，以免重复叙述或遗漏等。

（7）如果选择的施工方案与投标时的施工方案有较大差异，应将选择的施工方案征得监理工程师和业主的认可。

（8）单位工程施工组织设计应在要求的时间内完成。

2.单位工程施工组织设计的编制原则

（1）严格遵守合同条款或上级下达的施工期限，保质保量按期完成施工任务。对工期较长的关键项目，要根据施工情况编制单项工程的单位工程施工组织设计，以确保总工期。

（2）严格遵守施工规范、规程和制度。

（3）科学、合理地安排施工程序，在保证质量的基础上，尽可能缩短工期，加快施工进度。

（4）应用科学的计划方法确定最合理的施工组织方法，根据工程特点和工期要求，因地制宜地采用流水施工，平行作业。对于复杂工程及控制工期的大、中桥涵及高填方部位，通过网络计划进行优化，找出最佳的施工组织方案。

（5）通过采用先进的施工方法和技术，不断提升施工机械化和预制装配化水平，可以减小劳动强度，并提高劳动生产率。

（6）精打细算、开源节流，充分利用现有设施，尽量减少临时工程，降低工程成本，提高经济效益。

（7）落实冬、雨季施工的措施，确保全年连续施工，全面平衡人、材的需用量，力求实现均衡生产。

（8）妥善安排施工现场，确保施工安全，实现文明施工。

（二）编制单位工程施工组织设计的资料准备

在编制单位工程施工组织设计之前，要做好充分的准备工作，为单位工程施工组织设计的编制提供可靠的第一手资料。

1.合同文件及标书的研究

合同文件不仅是工程项目施工的法律依据，也是构成编制单位工程施工组织设计的基础。因此，对招标文件的内容进行深入而认真的研究至关重要。研究的重点应包括但不限于承包范围、设计图纸的提供、物资的供应，以及合同和招标书中规定的技术规范和质量标准。

2.施工现场环境调查

在编制单位工程施工组织设计之前，要对施工现场环境做深入的实际调查。调查的主要内容如下所述。

（1）核对设计文件，了解拟建构筑物的位置、重点施工工程的情况等。

（2）收集施工地区内的自然条件资料，如地形、地质、水文资料。

（3）了解施工地区内的既有房屋、通信电力设备、给排水管道、坟地及其他建筑情况，以便作出拆迁、改建计划。

（4）调查施工区域的技术经济条件。

3.各种定额及概、预算资料

编制单位工程施工组织设计时，收集有关的定额及概算（或预算）资料。例如，设计采用的预算定额（或概算定额）、施工定额、工程沿线地区性定额，预算单价，工程概算（或预算）的编制依据等。

4.施工技术资料

合同条款中规定的各种施工技术规范、施工操作规程、施工安全作业规程等，此外还应收集施工的新工艺新方法、操作新技术以及新型材料、机具等资料。

5.施工时可能调用的资源

由于施工进度直接受到资源供应的限制，在编制实施性单位工程施工组织设计时，对资源的情况应有十分具体而确切的资料。在做施工方案和施工组织计划时，资源的供应情况也可由建设单位提供。

施工时可能调用的资源包括以下内容：劳动力数量及技术水平、施工机具的类型和数量、外购材料的来源及数量、各种资源的供应时间。

6.其他资料

其他资料是指施工组织与管理工作的有关政策规定、环境保护条例、上级部门对施工的有关规定和工期要求等。

（三）单位工程施工组织设计的内容

1.工程概况

（1）简要说明工程名称、施工单位名称、建设单位及监理机构、设计单位、质检站名称、合同开工日期和施工日期、合同价（中标价）。

（2）简要介绍拟建工程的地理位置、地形地貌、水文、气候、降雨量、雨季、交通运输、水电等情况。

（3）施工组织机构设置及职责部门之间的关系。

（4）工程结构、规模、主要工程数量表。

（5）合同特殊要求，如业主提供结构材料、指定分包商等。

2.施工总平面部署

（1）简要说明可供使用的土地、设施、周围环境、环保要求、附近房屋、农田、鱼塘，需要保护或注意的情况。

（2）施工总平面布置必须以平面布置图表示，并应标明拟建工程平面位置、生产区、生活区、预制场、材料场、爆破器材库位置。

（3）施工总平面布置可用一张图，也可用多张相关的图表示；图上无法表示的，应用文字简单描述。

3.技术规范及检验标准

（1）明确本工程所使用的施工技术规范和质量检验评定标准。

（2）注明本工程所使用的作业指导书的编号和标题。

4.施工顺序及主要工序的施工方法

（1）施工顺序。一般应以流程图表示各分项工程的施工顺序和相关关系，必要时附以文字简要说明。

（2）施工方法。施工方法是单位工程施工组织设计重点叙述的部分，它包含主要分项工程的施工方法，重点叙述技术难度大、工种多、机械设备配合多、经验不足的工序和结构关键部位。对常规的施工工序则简要说明。

5.质量保证计划

（1）明确工程质量目标。

（2）确定质量保证措施。

6.安全劳保技术措施

（1）安全合同、安全机构、施工现场安全措施、施工人员安全措施。

（2）水上作业、高空作业、夜间作业、起重安装、预应力张拉、爆破作业、汽车运输和机械作业等安全措施。

（3）安全用电、防水、防火、防风、防洪、防震的措施。

（4）机械、车辆多工种交叉作业的安全措施。

（5）操作者安全环保的工作环境，所需要采取的措施。

（6）拟建工程施工过程中工程本身的防护和防碰撞措施，维持交通安全的标志。

（7）本措施应遵守行业和公司各类安全技术操作规程和各项预防事故的规定。

（8）本措施应由项目部安全部门负责人审核后定稿。

7.施工总进度计划

（1）施工总进度计划用网络图和横道图表示。

（2）计划一般以分项工程划分并标明工程数量。

（3）将关键线路（工序）用粗线条（或双线）表示；必要时标明每日、每周或每月的施工强度。如浇筑混凝土××m^3/日，砌体××m^3/周。

（4）根据施工强度配备各类机械设备。

8.物资需用量计划

（1）本计划用表格表示，并将施工材料和施工用料分开。

（2）计划应注明由业主提供或自行采购。

（3）计划一般按月提出物资需用量，以分项工程为单位计算需用量。

（4）本计划应同时附有物资计划汇总表，将各品种规格、型号的物资汇总。

9.机械设备使用计划

（1）机械设备使用计划一般用横道图表示。

（2）计划应说明施工所需机械设备的名称、规格、型号和数量。

（3）计划应标明最迟的进场时间和总的使用时间。

（4）必要时，可注明某一种设备是租用外单位还是自行购置。

10.劳动力需用量计划

（1）劳动力需用量计划以表格表示。

（2）计划应将各技术工种和普杂工分开，根据总进度计划需要，按月列出需用人数，并统计各月工种最多和最少人数。

（3）计划应说明本单位各工种自有人数和需要调配或雇用人数。

11.大型临时工程

（1）大型临时工程一般指混凝土预制场、混凝土搅拌站、装拼式龙门吊和架桥机、架梁基地、铺轨基地、悬浇混凝土的挂篮、大型围堰、大型脚手架和模板、大型构件吊具、塔吊、施工便道和便桥等。

（2）大型临时工程均应进行设计计算、校核和出具施工图纸，编制相应的各类计划和制定相应的质量保证和安全劳保技术措施。

（3）需要单独编制施工方案的大型临时设施工程，其设计前后均应由公司或项目部组织有关部门和人员对设计提出要求和进行评审。

12.其他

（1）如果施工准备阶段时间较长、工作较繁多，则有必要编制施工准备工作计划。

（2）编制半成品（预制构件、钢结构加工件）使用计划。

（3）编制资金使用计划。

（4）编制成本降低和控制措施计划。

（四）单位工程施工组织设计编制程序和步骤

1.计算工程量

在编制指导性单位工程施工组织设计时，工程量的计算通常基于概算指标或参照类似工程的数据。一方面，这一阶段的计算不追求极高的精确度，也不需要全面覆盖所有项目。关键是要把握几个主要项目，如土石方、混凝土、砂石料和机械化施工量等，这样就可以满足基本要求。另一方面，在实施性单位工程施工组织设计中，工程量的计算要求更为精确。准确的计算不仅确保了劳动力和资源需求量的正确估计，而且有助于合理规划施工组织和作业方式，保障施工生产的有序和均衡进行。此外，需要注意的是，许多工程量在确定施工方法后可能需做相应调整。例如，当土方工程的施工方法从使用挡土板改为放坡时，土方工程量将相应增加，而原先计划中的支撑工料则可能完全取消。这种工程量的调整应在施工方法最终确定后一次性完成。

2.确定施工方案

在施工管理中，确立明确且实用的施工方案对于保证工程顺利进行至关重要。施工方案的制定分为两个阶段：指导性单位工程施工组织设计和实施性单位工程施工组织设计。

在指导性单位工程施工组织设计阶段，重点在于设定基本的工程方针和原则。例如，在隧道工程中，可能会决定采用全断面开挖、喷锚支护或其他特定的开挖方法。此阶段的设计不深入具体操作细节，而是确定整个项目的大致时间框架，如开工和竣工的日期。同时，这一阶段还需规定不同单位工程之间的衔接关系，以及采用的主要施工方法，确保整个项目在宏观层面上的连贯性和有效性。

进入实施性单位工程施工组织设计阶段，重点转向更为具体和详细的施工计划。在这一阶段，团队将对之前设定的指导性原则进行深入分析和具体化，重点研究并确定具体的施工方法和所需的施工机械。这一过程涉及对工程具体情况的详细考察，包括地质状况、环境影响、材料供应以及人力资源配置等方面。此阶段的目的是确保每个单独的工程单位都能在既定的框架内以最高效率和最佳质量完成。

通过这两个阶段的综合规划和实施，施工方案旨在最大限度地优化资源配置，确保施工过程的高效率和高质量，同时也考虑到工程安全和环境保护的需求。这样的双层次规划方法，不仅有助于提高项目管理的专业性，而且有助于提升工程的整体成功率。

3.确定施工顺序，编制施工进度计划

（1）除按照各结构部分之间具有依附关系的固定不变的施工顺序外，还要注意组织方面的施工顺序。如大中桥的基础施工，有先从哪一个桥墩或桥台开始施工的顺序问题，不同的顺序对工期有不同的影响。合理的施工顺序可缩短工程的工期。

（2）确定施工顺序，还要注意因具体施工条件不同，设计好作业的施工顺序。以大中桥为例，如果模型板和吊装混凝土的塔吊或钢塔架有限，则应以模板和塔吊的倒用来安排施工顺序。

（3）安排施工进度应采用流水作业法，并用网络计划技术进行进度安排，容易找出关键工序和关键线路，便于在施工中进行控制。

4.计算各种资源的需要量以确定供应计划

（1）指导性单位工程施工组织设计可根据工程和有关的指标或定额计算，计算时要留有余地，以避免在单位工程施工前编制实施性单位工程施工组织设计时与之发生矛盾。

（2）实施性施工组织设计需要根据工程量按定额或过去积累的资料决定每日的工人需要量。

（3）按机械台班定额资源供应计划确定各类机械的使用数量和使用时间。

（4）计算材料和加工预制品的主要种类，编制依据与要求量及其供应计划。

5.平衡各类需要量

在施工项目管理中，平衡劳动力、材料物资和施工机械的需求量是确保项目顺利进行的关键。这不仅涉及资源的有效分配，也包括对进度计划的持续修正和优化。每个项目都有其独特的资源需求和挑战，因此，管理团队需根据工程的具体情况，制定灵活且实用的策略。例如，当劳动力短缺时，可以通过增加机械化程度来弥补；相反，如果机械资源有限，可以通过合理安排劳动力来提高效率。同时，材料物资的及时供应对于避免施工中断至关重要。因此，及时调整进度计划以适应资源供应的变化，是保障施工顺利进行的重要手段。

6.设计施工现场的各项业务

设计施工现场的各项业务，如水、电、道路、仓库、施工人员住房、修理车间、机械停放库、材料堆放场地、钢筋加工场地等的位置和临时建筑。这些布局的设计必须考虑到施工的实际需求和现场条件，确保资源的最优配置。例如，施工人员住房应尽量靠近工作区域以减少通勤时间，而机械停放库和材料堆放场地则应位于便于运输和装卸的位置。同时，各项业务的布局还需要考虑环境保护和安全性，确保施工现场的整体运行既高效又安全。

7.设计施工平面图

施工平面图的设计直接影响到施工的效率和顺利进行。一个合理的平面图不仅应保证生产要素在空间上的合理分布，还应确保各个区域之间互不干扰。在设计平面图时，要综合考虑施工方法、材料流动、人员动线以及机械运行路径，从而在空间上实现最优布局。例如，材料堆放区应设在靠近施工区的便捷位置，以减少材料运输的时间和成本。同样，施工机械的运行路径需要避免与人员流动区域交叉，以减少安全风险。通过精心设计施工平面图，可以有效地加快施工进度和安全性，从而确保项目的顺利完成。

五、施工方案的制定

施工方案是根据设计图纸和说明书，决定采用哪种施工方法和机械设备，以何种施工顺序和作业组织形式来组织项目施工活动的计划。施工方案确定了，就基本上确定了整个工程施工的进度、劳动力和机械的需要量、工程的成本、现场的状况等。施工方案的优劣，在很大程度上决定了单位工程施工组织设计质量的好坏和施工任务能否圆满完成。施工方案包括施工方法的选择、施工机械的选择、技术组织措施的设计等内容。

（一）施工方案制定的原则

（1）制定方案首先必须从实际出发，符合现场的实际情况，有实现的可能性。所制定方案在资源、技术上提出的要求应该与当时已有的条件或在一定时间内能争取到的条件相吻合，否则是不能实现的。

（2）施工方案的制定必须满足合同要求的工期。按工期要求投入生产，交付使用，发挥投资效益。

（3）施工方案的制定必须确保工程质量和施工安全。工程建设是百年大计，要求质量第一，保证施工安全是员工的权利和社会的要求。因此，在制定方案时应充分考虑工程质量和施工安全，并提出保证工程质量和施工安全的技术组织措施，使方案完全符合技术规范、操作规范和安全规范的要求。如在质量方面制定工序质量控制标准、岗位责任制与经济责任制和质量保证体系等。

（4）在合同价控制下，尽量降低施工成本，使方案更加经济合理，增加施工生产的盈利。从施工成本的直接费和间接费中找出节约的途径，采取措施控制直接消耗，减少非生产人员，挖掘潜力，使施工费用降低到最低的限度，不突破合同价，取得更好的经济效益。

（二）施工方法的选择

施工方法是施工方案的核心内容，它对工程的实施具有决定性的作用。确定施工方法应突出重点，凡是采用新技术、新工艺和对工程质量起关键作用的项目，以及工人在操作上还不够熟练的项目，应详细而具体，不仅要拟定进行这一项目的操作过程和方法，而且要提出质量要求，以及达到这些要求的技术措施。还要预见可能发生的问题，提出预防和解决这些问题的办法。对于一般性工程和常规施工方法则可适当简化，但要提出工程中的特殊要求。

正确选择施工方法是确定施工方案的关键。各个施工过程，均可采用多种施工方法进行施工，而每一种施工方法都有其各自的优势和使用的局限性。我们的任务就是从若干可行的施工方法中选择最可行、最经济的施工方法。选择施工方法的依据主要如下所述。

（1）工程特点：主要指工程项目的规模、构造、工艺要求、技术要求等方面。

（2）工期要求：要明确本工程的总工期和各分部（分项）工程的工期是属于紧迫、正常和充裕三种情况中的哪一种。

（3）施工组织条件：主要指气候等自然条件、施工单位的技术水平和管理水平，所需设备、材料、资金等供应的可能性。

（4）标书、合同书的要求：主要指招标书或合同条件中对施工方法的要求。例如，既有工程扩建，要求采用的施工方法必须保证既有工程的安全和行车的安全。

（5）设计图纸：主要指根据设计图纸的要求，确定施工方法。如隧道施工设计要求用新奥法施工，既确保施工质量和安全，又能保证工期的要求，那么在做施工准备时必须按新奥法施工要求做准备。

（6）施工方案的基本要求：主要是指根据制定施工方案的基本要求确定施工方法。对于任何工程项目都有多种施工方法可供选择，但施工方法的选择，将对施工方案的内容产生巨大影响。

（三）施工机械的选择

施工机械对施工工艺、施工方法有直接的影响，施工机械化是现代化大生产的显著标志，对加快建设速度、提高工程质量、保证施工安全、节约工程成本起着至关重要的作用。

因此，选择施工机械成为确定施工方案的一个重要内容，应主要考虑下述问题。

（1）在选用施工机械时，应尽量选用施工单位现有机械，以减少资金的投入，充分发挥现有机械效率。若现有机械不能满足工程需要，则可考虑租赁或购买。

（2）机械类型应符合施工现场的条件。施工条件指施工场地的地质、地形、工程量大小和施工进度等，特别是工程量和施工进度计划，是合理选择机械的重要依据。一般来说，为了保证施工进度和提高经济效益，工程量大应采用大型机械；工程量小则应采用中、小型机械，但也不是绝对的。如一项大型土方工程，由于施工地区偏僻，道路、桥梁狭窄或载重量限制大型机械的通过，如果只是专门为了它的运输问题而修路、修桥，显然是不经济的，故应选用中型机械施工。

（3）在同一建筑工地上的施工机械的种类和型号应尽可能少。为了便于现场施工机械的管理及减少转移，对于工程量大的工程应采用专用机械；对于工程量小而分散的工程，则应尽量采用多用途的施工机械。

（4）在选择施工机械时，应考虑其运行费用是否经济，避免使用大型机械于小规模项目，确保机械选择能满足施工需求。常见的问题是一些施工单位选择机械不当。例如，对于土方量不大的项目，却使用了大型土方机械，这虽然使得工程在不到一周内就完成，但因为大型机械的台班费、进出场的运输费、临时道路的建设费以及折旧费等固定支出过高，导致总体运行费用显著增加，超出了通过缩短工期获得的经济效益。

（5）施工机械的合理组合。选择施工机械时，要考虑到各种机械的合理组合，这是使选择的施工机械能否发挥效率的重要问题。合理组合：一是指主机与辅助机械在台数和生产能力上的相互适应；二是指作业线上的各种机械互相配套的组合。

（6）选择施工机械时应从全局出发统筹考虑。全局出发就是不仅要考虑本项工程，而且要考虑所承担的同一现场或附近现场其他工程的施工机械使用问题。这就是说从局部考虑选择的机械可能不合理，应从全局的角度出发进行考虑。比如，几个工程需要的混凝土量大，而又不能相距太远，那么，采用混凝土拌和机比多台分散拌和机要经济得多。

（四）技术组织措施的设计

技术组织措施是施工企业在技术和组织层面采取的措施，旨在完成施工任务，保证工程进度，提高工程质量，并降低工程成本。企业应将编制技术组织措施视为提升技术能力和改进经营管理的关键任务，并予以重视。通过制定这些措施，并结合企业的实际状况，企业能有效地学习和推广行业内的先进技术及有效的组织管理经验。

1.技术组织措施的主要内容

技术组织措施主要包括以下几个方面的内容：

（1）提高劳动生产率，提高机械化水平，加快施工进度方面的技术组织措施。例如，推广新技术、新工艺、新材料，改进施工机械设备的组织管理，提高机械的完好率、利用率，科学的劳动组合等。

（2）提高工程质量，保证生产安全方面的技术组织措施。

（3）施工中节约资源，包括节约材料、动力、燃料和降低运输费用的技术组织措施。

为了把编制技术组织措施工作经常化、制度化，企业应分段编制施工技术组织措施计划。

2.工期保证措施

（1）施工准备：提前完成施工准备，包括图纸复核、施工组织设计完善、重大施工方案落实，以及与相关单位协调征地拆迁等工作。

（2）管理方法应用：利用先进管理技术（如网络计划技术）进行施工进度的动态管理，保持工序连贯性，优化劳动力和设备配置。

（3）多级调度指挥系统：建立有效的调度指挥系统，加强交叉工程的协调与指挥，及时处理影响进度的问题，确保工程连续性。

（4）物资供应管理：定期制订资源使用计划，优先保障关键工程的资源供应，加强施工管理和进度控制。

（5）季节性施工安排：针对冬季和雨季，根据气象、水文资料调整工作顺序，确保工程有序进行。

（6）设计与现场校对：及时处理因地质变化导致的设计变更，协调监理和设计院的工作，减少对施工进度的影响。

（7）劳动力管理：确保充足的技术人员和工人配备，通过动态管理和专业化作业，提高劳动效率和工作质量。

3.保证质量措施

保证质量的关键是对工程对象经常发生的质量通病制定防治措施，从全面质量管理的角度把措施落到实处，建立质量保证体系，保证“PDCA循环”的正常运转，全面贯彻执行国际质量认证标准。对采用的新工艺、新材料、新技术和新结构，须制定有针对性的技术措施，以保证工程质量。常见的质量保证措施有：

（1）质量控制机构和创优规划。

（2）加强教育，提高项目全员的综合素质。

（3）强化质量意识，健全规章制度。

（4）建立分部分项工程的质量检查和控制措施。

（5）在项目开工前，编制详细的质量计划、编写工序作业指导书，保证工序质量和工作质量。

4.安全施工措施

安全施工措施应贯彻安全操作规程，对施工中可能发生安全问题的环节进行预测，并提出预防措施。杜绝重大事故和人身伤亡事故的发生，把一般事故减少到最低限度，确保施工的顺利进行，安全施工措施包括下述内容。

（1）全面推行和贯彻职业安全健康管理体系标准，在项目开工前，进行详细的危险辨识，制定安全管理制度和作业指导书。

（2）建立安全保证体系，项目部和各施工队设专职安全员，专职安全员属质检科，在项目经理和副经理的领导下，履行保证安全的一切工作。

（3）利用各种宣传工具，采用多种教育形式，使职工树立安全第一的思想，不断强化安全意识，建立安全保证体系，使安全管理制度化、教育经常化。

（4）安全技术措施与生产任务并重。各级领导在下达生产任务时，必须同时制定并实施安全技术措施。应总结安全生产状况，并提出具体的安全生产要求，确保安全生产贯穿施工全过程。

（5）认真执行定期安全教育、安全讲话、安全检查制度，设立安全监督岗，发挥群众安全人员的作用，对发现事故隐患和危及工程、人身安全的事项要及时处理，做好记录，及时改正，责任落实到人。

（6）临时结构施工前，必须向员工进行安全技术交底。对临时结构须进行安全设计和技术鉴定，合格后方可使用。

（7）土石方开挖严格规范。土石方开挖工作必须严格遵循施工规范。炸药的使用、运输、储存和保管都应严格符合国家及地方政府的安全法规。在爆破施工中，应严控炸药用量，明确爆破危险区域，并采取有效措施保护人员、牲畜、建筑物及其他公共设施，确保施工安全。

（8）架板、起重、高空作业的技术工人，上岗前要进行身体检查和技术考核，合格后方可操作。高空作业必须按安全规范设置安全网，拴好安全绳，戴好安全帽，并按规定佩戴防护用品。

（9）工地修建的临时房、架设照明线路、库房等，必须符合防火、防电、防爆炸的要求，配置足够的消防设施，并安装避雷设备。

5.施工环境保护措施

为了保护环境、防止污染，尤其是防止在城市施工中造成污染，在编制施工方案时应提出防止污染的措施，具体措施如下：

（1）积极推行和贯彻环境管理体系标准，在项目开工前，进行详细的环境因素分析，制定和编制相应的环境保护管理制度和作业指导书。

（2）进行施工环境保护意识宣传教育，提高对环境保护工作的认识，自觉保护环境。

（3）水土保持与环境保护：在施工过程中，应采取措施保护周边的水土不受侵蚀，并维护绿色覆盖层及植物。

（4）废弃物处理规范化：施工过程中产生的废油、废水和污水不得随意排放，必须经过适当处理后才能排放。

（5）居民区施工噪声控制：在人群居住区附近进行施工时，应采取措施预防和控制噪声污染。

（6）机械化施工场所的废气控制：在机械化程度较高的施工场所，应对机械作业产生的废气进行有效的净化和控制。

6.文明施工措施

加强全体职工职业道德的教育，制定文明施工准则。在施工组织、安全质量管理和劳动竞赛中切实体现文明施工要求，发挥文明施工在工程项目管理中的积极作用。

（1）推行施工现场标准化管理。

（2）改善作业条件，保障职工健康。

（3）深入调查，加强地下既有管线保护。

（4）做好已建工程的保护工作。

（5）不扰民并妥善处理地方关系。

（6）广泛开展与当地政府和群众共建活动，推进精神文明建设，支持地方经济建设。

（7）尊重当地民风习俗。

第二章　给排水工程施工技术

第一节　给水排水系统与管道附属构筑物施工

一、给水排水系统分类与组成

（一）城市给水系统分类与组成

1.城市给水系统的分类

（1）按水源种类划分。按水源种类，城市给水系统可以分为两类：以地下水为水源的给水系统和以地表水为水源的给水系统。

（2）按供水方式划分。按供水方式，城市给水系统可以分为：重力给水系统、多水源给水系统、分质给水系统、分压给水系统、循环给水系统和循序给水系统。

（3）按使用目的划分。按使用目的，城市给水系统可以分为：生活给水系统、生产给水系统和消防给水系统。

2.城市给水系统的组成

城市给水系统是维持城市正常运作的必要条件，通常由下列工程设施组成。

（1）取水构筑物。取水构筑物是指用以从地表水源或地下水源取得满足要求的原水，并输往水厂的工程设施，其可分为地下水取水构筑物和地表水取水构筑物。地下水取水构筑物主要有管井、大口井、辐射井和渗渠几种形式。地表水取水构筑物有固定式和移动式两种，在修建构筑物时，应根据不同的需求和河流的地质水文条件合理选择取水构筑物的位置和形式，它将直接影响取水的水质、水量和取水的安全、施工、运行等各个方面。

（2）水处理构筑物。水处理构筑物是指用以对原水进行水质处理使水质达到生活饮用或工业生产所需要的水质标准的工程设施，常用的处理方法有沉淀、过滤、消毒等。处理构筑物主要有过滤池、澄清池、化验室、加药间等原水处理系统设备。水处理构筑物常集中布置在水厂内。

（3）泵站。泵站是指用以将所需水量提升到要求高度的工程设施。按泵站在给水系统中所起的作用，可分为以下几类：

①一级泵站：一级泵站直接从水源取水，并将水输送到净水构筑物，或者直接输送到配水管网、水塔、水池等构筑物中。

②二级泵站：二级泵站通常设在净水厂内，自清水池中取净化了的水，加压后通过管网向用户供水。

③加压泵站：加压泵站用于升高输水管中或管网中的压力，自一段管网或调节水池中吸水压入下一段输水管或管网，以便提高水压来满足用户的需要。

（4）输水管（渠）和管网。输水管（渠）的主要功能是将原水输送至水厂，或将水厂处理后的清水输送到管网。在选择输水管（渠）的线路时，应充分考虑地形条件，优先选择重力流输水或部分重力流输水的方案。在可能的情况下，管线应优先沿现有或规划中的道路敷设，以减少工程难度和成本。同时，需避免穿越河谷、重要铁路线、沼泽地带、地质条件不良的区域，以及易受洪水影响的地区，以确保管线的安全稳定和维护方便。

城市给水系统的管网是一系列管道的总和，它们的作用是将处理后的清水输送至各个用水区。管网的设计和布局需考虑城市规模、用水需求、地形地貌等多种因素，以确保供水的高效性和经济性。

（5）调节构筑物。调节构筑物，如高地水池、水塔和清水池，是用于储存水量、调节用水流量变化的关键设施。这些构筑物在城市供水系统中扮演着不可或缺的角色。由于城市用水量通常按照最高日用水量来计算，但生活用水和工业用水的需求每天都在变化，因此仅靠二级泵房调节流量往往难以满足这种波动。建立水塔和水池可以有效地储存和调节水量，解决供水与用水之间的不平衡问题，确保城市用水的连续性和稳定性。

（二）城市排水系统分类与组成

1.城市排水水源的分类

在人们的日常生活和生产活动中，都要使用水。水在使用过程中受到了污染，就成为污水，需要进行处理与排除。另外，城市内降水（雨水和冰雪融化水），径流流量较大，应及时排放。因此，城市排水水源可以分为：生活污水、生活废水、工业废水、雨雪降水。

2.城市排水系统的组成

（1）城市污水排水系统。城市污水排水系统通常是指以收集和排除生活污水为主的排水系统，主要包括以下几部分。

①室内排水系统及设备：室内各种卫生器具（如大便器、污水池、洗脸盆等）和生产车间排水设备起到收集污水、废水的作用，它们是整个排水系统的起点。生活污水及工业废水经过敷设在室内的水封管、支管、立管、干管和出户管等室内污水管道系统流入街区（厂区、街坊或庭院）污水管渠系统。

②室外污水排水系统：室外污水排水系统主要包括街区污水排水系统和街道污水排水系统。

③污水泵站及压力管道：在管道系统中，往往需要把低处的污水向上提升，这就须设置泵站，设在管道系统中途的泵站称中途泵站，设在管道系统终点的泵站称终点泵站。进入泵站后污水如果需要用压力输送，应设置压力管道。

④污水处理厂：城市污水处理厂是城市建设的重要组成部分，是城市生产和人民生活不可缺少的公共设施。污水处理厂的任务是认真贯彻为生产、为人民生活服务的方针，充分发挥现有设备的效能，按设计要求处理好城市污水，减少污染，改善环境。

⑤排出口及事故排出口：排出口是指污水排入水体的出口，是整个城市排水系统终端设备；事故排出口是指在管道系统中途，某些易于发生故障部位，往往设有辅助性出水口（渠），当发生故障，污水不能流通时，排除上游来的污水。如设在污水泵站之前的出水口，当泵站检修时污水可从事故出水口排出。

（2）工业废水排水系统。有些工业废水没有单独形成系统，直接排入了城市污水管道或雨水管道；而有些工厂则单独形成了工业废水排水系统，其主要由车间内部管道系统和设备、厂区管渠系统、厂区污水泵站、压力管道、废水处理站、出水口等几部分组成。

（3）城市雨（雪）水排水系统。城市雨（雪）水排水系统主要分为房屋雨水管道系统、街区雨水管渠系统、街道雨水管渠系统、排洪沟、雨水排水泵站、雨水出水口。当然，雨水排水系统的管渠上，也须设有检查井、消能井、跌水井等附属构筑物。

二、管道附属构筑物施工

（一）支墩

（1）管节及管件的支墩和锚定结构位置准确，锚定牢固。钢制锚固件必须采取相应的防腐处理。

（2）支墩应在坚固的地基上修筑。无原状土作后背墙时，应采取措施保证支墩在受力情况下，不致破坏管道接口。采用砌筑支墩时，原状土与支墩之间应采用砂浆填塞。

（3）支墩应在管节接口做完、管节位置固定后修筑。

（4）支墩施工前，应将支墩部位的管节、管件表面清理干净。

（5）支墩宜采用混凝土浇筑，其强度等级应不低于C15，采用砌体结构时，水泥砂浆强度应不低于M7.5。

（6）管节安装过程中的临时固定支架，应在支墩的砌筑砂浆或混凝土达到规定强度后方可拆除。

（7）管道及管件支墩施工完毕，并达到强度要求后方可进行水压试验。

（二）雨水口

1.基础施工

（1）开挖雨水口槽及雨水管支管槽，每侧宜留出300～500mm的施工宽度。

（2）槽底应夯实并及时浇筑混凝土基础。

（3）采用预制雨水口时，基础顶面宜铺设20～30mm厚的砂垫层。

2.雨水口内砌筑

（1）管端面在雨水口内的露出长度，不得大于20mm，管端面应完整无破损。

（2）砌筑时，灰浆应饱满，随砌随勾缝，抹面应压实。

（3）雨水口底部应用水泥砂浆抹出雨水口泛水坡。

（4）砌筑完成后雨水口内应保持清洁，及时加盖，保证安全。

3.雨水口安装

（1）预制雨水口安装应牢固，位置平正。

（2）雨水口与检查井连接管的坡度应符合设计要求，管道敷设应符合《给水排水管道工程施工及验收规范》的相关规定。

（3）位于道路下的雨水口、雨水支、连管应根据设计要求浇筑混凝土基础。坐落于道路基层内的雨水支连管应作C25级混凝土包封，且包封混凝土达到75%设计强度前，不得放行交通。

（4）井框、井篦应完整无损，安装平稳、牢固。

（三）井室

1.管道穿过井壁施工

（1）混凝土类管道、金属类无压管道，其管外壁与砌筑井壁洞圈之间为刚性连接时水泥砂浆应坐浆饱满、密实。

（2）金属类压力管道，井壁洞圈应预设套管，管道外壁与套管的间隙应四周均匀一致，其间隙宜采用柔性或半柔性材料填嵌密实。

（3）化学建材管道宜采用中介层法与井壁洞圈连接。

（4）对于现浇混凝土结构井室，井壁洞圈应振捣密实。

（5）排水管道接入检查井时，管口外缘与井内壁平齐；接入管径大于300mm时，对于砌体结构井室应砌砖圈加固。

2.砌体结构井室施工

（1）砌筑前砌块应充分湿润；砌筑砂浆配合比符合设计要求，现场拌制应拌和均匀、随用随拌。

（2）排水管道检查井内的溜槽，宜与井壁同时进行砌筑。

（3）砌块应垂直砌筑，在收口砌筑时，应按设计要求的位置设置钢筋混凝土梁进行收口；圆井采用砌块逐层砌筑收口，四面收口时每层收进应不大于30mm，偏心收口时每层收进应不大于50mm。

（4）砌块砌筑时，铺浆应饱满，灰浆与砌块四周黏结紧密、不得漏浆，上下砌块应错缝砌筑。

（5）砌筑时，应同时安装踏步，踏步安装后在砌筑砂浆未达到规定抗压强度前不得踩踏。

（6）内、外井壁应采用水泥砂浆勾缝；有抹面要求时，抹面应分层压实。

3.预制装配式结构井室施工

（1）预制构件及其配件经检验符合设计和安装要求。

（2）预制构件装配位置和尺寸正确，安装牢固。

（3）采用水泥砂浆接缝时，企口坐浆与竖缝灌浆应饱满，装配后的接缝砂浆凝结硬化期间应加强养护，并不得受外力碰撞或振动。

（4）设有橡胶密封圈时，胶圈应安装稳固，止水严密可靠。

（5）设有预留短管的预制构件，其与管道的连接应按有关规定执行。

（6）底板与井室、井室与盖板之间的拼缝，水泥砂浆应填塞严密，抹角光滑平整。

4.现浇钢筋混凝土结构井室施工

（1）浇筑前，钢筋、模板工程经检验合格，混凝土配合比满足设计要求。

（2）振捣密实，无漏振、走模、漏浆等现象。

（3）及时进行养护，强度等级未达设计要求不得受力。

（4）浇筑时，应同时安装踏步，踏步安装后在混凝土未达到规定抗压强度前不得踩踏。

5.井室内部处理

（1）预留孔、预埋件应符合设计和管道施工工艺要求。

（2）排水检查井的流槽表面应平顺、圆滑、光洁，并与上下游管道底部接顺。

（3）透气井及排水落水井、跌水井的工艺尺寸应按设计要求进行施工。

（4）阀门井的井底距承口或法兰盘下缘以及井壁与承口或法兰盘外缘应留有安装作业空间，其尺寸应符合设计要求。

（5）不开槽法施工的管道，工作井作为管道井室使用时，其洞口处理及井内布置应符合设计要求。

第二节 给水排水管道开槽施工

一、管道安装

（一）管道基础施工

1.采用原状地基施工

原状地基局部超挖或扰动时，应按有关规定进行处理；岩石地基局部超挖时，应将基底碎渣全部清理，回填低强度等级混凝土或粒径10～15mm的砂石并夯实。原状地基为岩石或坚硬土层时，管道下方应铺设砂垫层，其厚度应符合规定。

2.混凝土基础施工

（1）平基与管座的模板，可一次或两次支设，每次支设高度宜略高于混凝土的浇筑高度。

（2）平基、管座的混凝土设计无要求时，宜采用强度等级不低于C15的低坍落度混凝土。

（3）管座与平基分层浇筑时，应先将平基凿毛冲洗干净，并将平基与管体相接触的腋角部位，用同强度等级的水泥砂浆填满、捣实后，再浇筑混凝土，使管体与管座混凝土结合严密。

（4）管座与平基采用垫块法一次浇筑时，必须先从一侧灌注混凝土，当对侧的混凝土高过管底与灌注侧混凝土高度相同时，两侧再同时浇筑，并保持两侧混凝土高度一致。

（5）管道基础应按设计要求留变形缝，变形缝的位置应与柔性接口一致。

（6）管道平基与井室基础宜同时浇筑；跌落水井上游接近井基础的一段应砌砖加固，并将平基混凝土浇至井基础边缘。

（7）混凝土浇筑中应防止离析，浇筑后应进行养护，强度低于1.2MPa时不得承受荷载。

3.砂石基础施工

（1）铺设前应先对槽底进行检查，槽底高程及槽宽须符合设计要求，且不应有积水和软泥。

（2）柔性管道的基础结构设计无要求时，宜铺设厚度不小于100mm的中粗砂垫层；软土地基宜铺垫一层厚度不小于150mm的沙砾或5～40mm的粒径碎石，其表面再铺厚度不小于50mm的中、粗砂垫层。

（3）柔性接口的刚性管道的基础结构，设计无要求时一般土质地段可铺设砂垫层，亦可铺设25mm以下粒径碎石，表面再铺20mm厚的砂垫层（中、粗砂），垫层总厚度应符合规定。

（4）管道有效支承角范围必须用中、粗砂填充插捣密实，与管底紧密接触，不得用其他材料填充。

（二）钢管安装

1.钢管安装要求

（1）管道对口连接。

①管节组对焊接时应先修口、清根，管端端面的坡口角度、钝边、间隙，应符合设计要求；不得在对口间隙夹焊帮条或用加热法缩小间隙施焊。

②对口时应使内壁齐平，错口的允许偏差应为壁厚的20%，且不得大于2mm。

③不同壁厚的管节对口时，管壁厚度相差宜不大于3mm。不同管径的管节相连时，两管径相差大于小管管径的15%时，可用渐缩管连接。渐缩管的长度应不小于两管径差值的2倍，且应不小于200mm。

（2）对口时纵、环向焊缝的位置。

①纵向焊缝应放在管道中心垂线上半圆的45°角处。

②纵向焊缝应错开，管径小于600mm时，错开的间距不得小于100mm；管径大于或等于600mm时，错开的间距不得小于300mm。

③有加固环的钢管，加固环的对焊焊缝应与管节纵向焊缝错开，其间距应不小于100mm；加固环距管节的环向焊缝应不小于50mm。

④环向焊缝距支架净距离应不小于100mm。

⑤直管管段两相邻环向焊缝的间距应不小于200mm，并应不小于管节的外径。

（3）管道上开孔。

①不得在干管的纵向、环向焊缝处开孔。

②管道上任何位置不得开方孔。

③不得在短节上或管件上开孔。

④开孔处的加固补强应符合设计要求。

（4）管道焊接。

①组合钢管固定口焊接及两管段间的闭合焊接，应在无阳光直照和气温较低时施焊；采用柔性接口代替闭合焊接时，应与设计协商确定。

②钢管对口检查合格后，方可进行接口定位焊接。

③焊接方式应符合设计和焊接工艺评定的要求，管径大于800mm时，应采用双面焊。

（5）管道连接。

①直线管段不宜采用长度小于800mm的短节拼接。

②钢管采用螺纹连接时，管节的切口断面应平整，偏差不得超过一扣；丝扣应光洁，不得有毛刺、乱扣、断扣，缺扣总长不得超过丝扣全长的10%；接口坚固后宜露出2~3扣螺纹。

③管道采用法兰连接时，应符合下列规定：一是法兰应与管道保持同心，两法兰间应平行；二是螺栓应使用相同规格，且安装方向应一致，螺栓应对称紧固，紧固好的螺栓应露出螺母之外；三是与法兰接口两侧相邻的第一个至第二个刚性接口或焊接接口，待法兰螺栓紧固后方可施工；四是法兰接口埋入土中时，应采取防腐措施。

2.管道试压

（1）水压试验前应将管道进行加固。干线始末端用千斤顶固定，管道弯头及三通处用水泥支墩或方木支撑固定。

（2）当采用水泥接口时，管道在试压前用清水浸泡24h，以增强接口强度。

（3）管道注满水时，排出管道内的空气，注满水后关闭排气阀，进行水压试验。

（4）试验压力为工作压力的1.5倍，但不得小于0.6MPa。

（5）用试压泵缓慢升压，在试验压力下10min内压力下降应不大于0.05MPa。然后降至工作压力进行检查，压力应保持不变，检查管道及接口不渗不漏为合格。

3.管道冲洗、消毒

（1）冲洗水的排放管应接入可靠的排水井或排水沟，并保持通畅和安全。排放管截面应不小于被冲洗管截面的60%。

（2）管道应以流速不小于1.5m/s的水进行冲洗。

（3）管道冲洗应以出口水色和透明度与入口一致为合格。

（4）生活饮用水管道冲洗后用消毒液灌满管道，对管道进行消毒，消毒水在管道内滞留24h后排放。管道消毒后，水质须经水质部门检验合格后方可投入使用。

（三）球墨铸铁管安装

1.球墨铸铁管安装

（1）管节及管件下沟槽前，应清除承口内部的油污、飞刺、铸砂及凹凸不平的铸瘤；柔性接口铸铁管及管件承口的内工作面、插口的外工作面应修整光滑，不得有沟槽、凸脊缺陷；有裂纹的管节及管件不得使用。

（2）沿直线安装管道时，宜选用管径公差组合最小的管节组对连接，确保接口的环向间隙均匀。

（3）采用滑入式或机械式柔性接口时，橡胶圈的质量、性能、细部尺寸，应符合国家有关球墨铸铁管及管件标准的规定。

（4）橡胶圈安装经检验合格后，方可进行管道安装。

（5）安装滑入式橡胶圈接口时，推入深度应达到标记环，并复查与其相邻已安好的第一个至第二个接口推入深度。

（6）安装机械式柔性接口时，应使插口与承口法兰压盖的轴线相重合；螺栓安装方向应一致，用扭矩扳手均匀、对称地紧固。

（7）管道沿曲线安装时，接口的允许转角应符合规定。

2.灌水试验

（1）管道及检查井外观质量已验收合格，管道未回填土且沟槽内无积水；全部预留孔应封堵，不得渗水。

（2）管道两端封堵，预留进出水管和排气管。

（3）按排水检查井分段试验，试验水头应以试验段上游管顶加1m，时间不少于30min，管道无渗漏为合格。

3.管沟回填

（1）管道经过验收合格后，管沟方可进行回填土。

（2）管沟回填土时，以两侧对称下土，水平方向均匀地摊铺，用木夯捣实。管道两侧直到管顶0.5m以内的回填土必须分层人工夯实，回填土分层厚度200～300mm，同时，防止管道中心线位移及管口受到振动松动；管顶0.5m以上可采用机械分层夯实，回填土分层厚度250～400mm；各部位回填土的干密度应符合设计和相关规范规定。

（3）沟槽若有支撑，随同回填土逐步拆除，用横撑板的沟槽，先拆支撑后填土，自下而上拆卸支撑；若用支撑板或板桩时，可在回填土过半时再拔出，拔出后立刻灌砂充实；如拆除支撑不安全，可以保留支撑。

（4）沟槽内有积水必须排除后方可回填。

（四）硬聚氯乙烯管、聚乙烯管及其复合管安装

1.管节及管件的规格、性能规定

（1）不得有影响结构安全、使用功能及接口连接的质量缺陷。

（2）内、外壁光滑、平整，无气泡，无裂纹，无脱皮和严重的冷斑及明显的痕纹、凹陷。

（3）管节不得有异向弯曲，端口应平整。

2.管道敷设规定

（1）采用承插式（或套筒式）接口时，宜采用人工布管且在沟槽内连接；槽深大于3m或管外径大于400mm的管道，宜用非金属绳索兜住管节下管；严禁将管节翻滚抛入槽中。

（2）采用电熔、热熔接口时，宜在沟槽边上将管道分段连接后以弹性敷管法移入沟槽；移入沟槽时，管道表面不得有明显的划痕。

3.管道连接规定

（1）承插式柔性连接、套筒（带或套）连接、法兰连接、卡箍连接等方法采用的密封件、套筒件、法兰、紧固件等配套管件，必须由管节生产厂家配套供应；电熔连接、热熔连接应采用专用电气设备、挤出焊接设备和工具进行施工。

（2）管道连接时必须将连接部位、密封件、套筒等配件清理干净，套筒（带或套）连接、法兰连接、卡箍连接用的钢制套筒、法兰、卡箍、螺栓等金属制品应根据现场土质并参照相关标准采取防腐措施。

（3）承插式柔性接口连接宜在当日温度较高时进行，插口端不宜插到承口底部，应留出不小于10mm的伸缩空隙，插入前应在插口端外壁做出插入深度标记；插入完毕后，承插口周围空隙应均匀，连接的管道应平直。

（4）电熔连接、热熔连接、套筒（带或套）连接、法兰连接、卡箍连接应在当日温度较低或接近最低时进行；电熔连接、热熔连接时电热设备的温度控制、时间控制，挤出焊接时对焊接设备的操作等，必须严格按接头的技术指标和设备的操作程序进行；接头处应有沿管节圆周平滑对称的外翻边，内翻边应铲平。

（5）管道与井室宜采用柔性连接，连接方式符合设计要求；设计无要求时，可采用承插管件连接或中介层做法。

（6）管道系统设置的弯头、三通、变径处应采用混凝土支墩或金属卡箍拉杆等技术措施；在消火栓及闸阀的底部应加垫混凝土支墩；非锁紧型承插连接管道，每根管节应有3点以上的固定措施。

（7）安装完的管道中心线及高程调整合格后，即将管底有效支承角范围用中、粗砂回填密实，不得用土或其他材料回填。

二、城市污水管与雨水管

（一）城市污水管

1.污水管布置

（1）在城镇和工业企业进行污水管渠系统规划设计时，首先要在总平面图上进行污水管渠系统的平面布置。

（2）排水区界是指排水系统设置的边界，排水界限之内的面积，即排水系统的服务面积，它是根据城镇规划的建筑界限确定的。在地势平坦、无明显分水线的地区，应使干线在合理的埋深情况下，采用重力排水。根据地形及城市和工业区的竖向规划，划分排水流域，形成排水区界。

（3）污水管的布置应遵循：充分利用地形，在管线较短、埋深较小的情况下，使污水能够自流排出。

2.污水设计流量

城市生活污水设计流量包括居住区生活污水设计流量和工业企业职工生活污水设计流量。

3.污水管道敷设

（1）污水管道一般沿道路敷设并与道路中心平行。在交通繁忙的道路下应避免横穿埋置污水管道，当道路宽度大于40m且两侧街区都需要向支管排水时，常在道路两侧各设一条污水管道。

（2）城市街道下常有多种管道和地下设施，这些管道和地下设施互相之间，以及与地面建筑之间，应当很好地配合。

（3）污水管道与其他地下管线或建筑设施之间的互相位置，应满足下列要求：一是保证在敷设和检修管道时互不影响；二是污水管道损坏时，不致影响附近建筑物及基础，不致污染生活饮用水；三是污水管道与其他地下管线或建筑设施的水平和垂直最小净距，应根据两者的类型、标高、施工顺序和管线损坏的后果等因素确定。

（4）在寒冷地区，必须防止管内污水冰冻和因土壤冰冻膨胀而损坏管道。污水在管道中冰冻的可能性与土壤的冰冻深度、污水水温、流量及管道坡度等因素有关。

（5）在气候温暖的平坦地区，管道的最小覆土厚度取决于房屋排出管在衔接上的要求。

（6）为防止管壁承受荷载过大，管顶须有一定的覆土厚度，该厚度取决于管道的强度、荷载的大小及覆土的密实程度等。

4.污水管道衔接

（1）管道水面平接。水面平接指污水管道水力计算中，上、下游管段在设计充满度下水面高程相同。同径管段往往使下游管段的充满度大于上游管段的充满度，为避免上游管段回水而采用水面平接。在平坦地区，为减少管道埋深，异径管段有时也采用水面平接法，但由于小口径管道的水面变化大于大口径管道的水面变化，难免在上游管道中形成回水。城市污水管道通常采用管顶平接法。

（2）管道跌水衔接。当坡度突然变陡时，下游管段的管径可小于上游管段的管径，宜采用跌水井衔接，而避免上游管段回水。在坡度较大的地段，污水管道应用阶梯连接或跌水井连接。

（3）管道管顶平接。管顶平接指污水管道水力计算中，上、下游管段的管顶内壁位于同一高程。采用管顶平接时，可以避免上游管段产生回水，但增加了下游管段的埋深，管顶平接一般用于不同口径管道的衔接。

（二）城市雨水管道

1.雨水排放

（1）一般来说，雨水水质是比较清洁的，可以直接排入湖泊、池塘、河流等水体，一般不会破坏环境卫生和水体的经济价值。所以，管渠的布置应尽量利用自然地形的坡度，以较短的距离，以重力流方式排入水体。

（2）当地形坡度较大时，雨水管道宜布置在地形较低处；当地形较平坦时，宜布置在排水区域中间。应尽可能扩大重力流排除雨水的范围，避免设置雨水泵站。

（3）雨水管渠接入池塘或河道的出水口构造一般比较简单，造价不高，增加出水口数量不致大幅增加基建费用，且由于雨水就近排放，管线较短，管径也较小，可以降低工程造价。

（4）雨水干管的平面布置宜采用分散式出水口的管道布置形式，这在技术上、经济上都是比较合理的。

（5）当河流的水位变化很大、管道出水口离水体很远时，出水口的建造费用很大，这时不宜采用过多的出水口，而应考虑集中式出水口的管道布置形式。

2.雨水管道布置

（1）街区内部的地形、道路布置和建筑物的布置是确定街区内部雨水地面径流分布的主要因素。

（2）通常，道路是街区内地面径流的集中地，所以，道路边沟最好低于相邻街区的地面标高。应尽量利用道路两侧边沟排除地面径流，在每一个集水流域的起端100～200m可以不设置雨水管渠。

（3）雨水口的作用是收集地面径流。雨水口的布置应根据汇水面积及地形确定，以雨水不致漫过路面为宜，通常设置在道路交叉口及地形低洼处。在道路交叉口设置雨水口的位置与路面的倾斜方向有关。

3.雨水管设计流量

降落在地面上的雨水，在经过地面植物和洼地的截留、地面蒸发、土壤下渗以后，剩余雨水在重力作用下形成地面径流，进入附近的雨水管渠。雨水管渠的设计流量与地区降雨强度、地面情况、汇水面积等因素有关。

三、管道附件安装

（一）阀门安装

（1）阀门在搬运时不允许随手抛掷，以免损坏。批量阀门堆放时，不同规格、不同型号的阀门应分别堆放。禁止将碳钢阀门和不锈钢阀门或有色金属阀门混合堆放。

（2）阀门吊装时，钢丝绳应拴在阀体的法兰处，切勿拴在手轮或阀杆上，以防阀杆和手轮扭曲或变形。

（3）阀门应安装在维修、检查和操作方便的地方，不论何种阀门均不应埋地安装。

（4）在水平管道上安装阀门时，阀杆应垂直向上，必要时，也可向上倾斜一定的角度，但不允许阀杆向下安装。如果装在难以接近的地方或者较高的地方时，为了操作方便，可以将阀杆水平安装。

（5）阀门介质的流向应和阀门流向指示相一致，各种阀门的安装一定要满足阀门的特性要求，如升降式止回阀导向装置一定要铅垂，旋转式止回阀的销轴一定要水平。

（6）安装直通式阀门要求阀门两端的管子平行且同轴。

（7）电动阀门的电机转向要正确。若阀门开启或关闭到位后电机仍继续运转，则应检修行程开关以后方可投入运行。

（二）消火栓安装

（1）安装位置通常选定在交叉路口或醒目地点，与建筑物距离不小于5m，与道路边距离不大于2m；地下式消火栓应在地面上做明显的位置标记。

（2）消火栓连接管管径应大于或等于DN100。

（3）地下式安装须考虑消火栓出水接口处要有接管的充分余地，保证接管时操作方便。

（4）乙型地上式消火栓安装试水后应打开水龙头，放掉消火栓主管中的水，以防冬季冻坏。

（三）排气阀安装

（1）排气阀应设在管线的最高点处，一般在管线隆起处均应设排气阀。

（2）在长距离输水管线上，应考虑设置一个排气阀。

（3）排气阀应垂直安装，不得倾斜。

（4）地下管道的排气阀应设置在井内，安装处环境应清洁，寒冷地区应采取保温措施。

（5）管线施工完毕试运行时，应对排气阀进行调校。

（四）泄水阀安装

（1）泄水管与泄水阀应设在管线最低处，用以放空管道及冲洗管道排水之用。一般常与排泥管合用，也用于排出管内沉积物。

（2）泄水管放出的水可进入湿井，由水泵抽出。若高程及其他条件允许可不设湿井，直接将水排入河道或排水管内。

（3）泄水阀安装完毕后应及时关闭。

（五）水表安装

大口径水表的组装，安装时应注意以下几点：

（1）尽量将水表设置于便于抄读的地方，并尽量与主管靠近，以减少进水管长度。

（2）选择安装位置时，应当考虑拆装和搬运的方便，必要时考虑今后换大口径水表的空间要求或预留水表的位置，且应考虑防冻与卫生条件。

（3）注意水表安装方向，必须使进水方向与表上标志方向一致。旋翼式水表应水平安装，切勿垂直安装。水平螺翼式水表可以水平、倾斜、垂直安装，但倾斜或垂直安装时，须保持水流流向自上而下。

（4）为使水流稳定地流过水表，使水表计量准确，表前阀门与水表之间的稳流长度应为管径的8～10倍。

（5）大口径水表的组装应加旁通管，确保水表有故障时不影响通水。

第三节　给水排水管道不开槽施工

一、工作坑施工

（一）工作坑位置的确定

在确定工作坑位置时，应综合考虑地形、管线设计以及地面障碍物等因素，以确保充分的空间和适合的工作面。此项工作需要遵循以下要求：

（1）根据管线设计情况确定，如排水管线可选在检查井处。

（2）单向顶进时，应选在管道下游端，以利于排水。

（3）考虑地形和土质情况，有无可利用的原土后背等。

（4）工作坑要与被穿越的建筑物有一定的安全距离。

（5）便于清运挖掘出来的泥土，以便有堆放管材、工具设备的场所。

（6）应距离水源、电源较近。

（二）工作坑尺寸的计算

工作坑必须具备足够的空间，以容纳管道安装、设备搬运、工作人员进出以及坑内作业所需的空间。此外，还需要考虑废弃土壤的堆放位置。因此，通常情况下，工作坑平面形状被设计为矩形。

1.工作坑的宽度

工作坑的宽度和管道的外径与坑深有关。一般对于较浅的坑，施工设备放在地面上；对于较深的坑，施工设备都要放在坑下。

浅工作坑的坑底宽度计算公式如式2–1：

$$B=D+S \tag{式2–1}$$

深工作坑的坑底宽度计算公式如式2–2：

$$B=3D+S \quad \text{（式2–2）}$$

式中：B——工作坑底宽度（m）；

D——被顶进管道外径（m）；

S——操作宽度（m），一般可取2.4 ~ 3.2m。

2.工作坑的长度

矩形工作坑的底部长度计算公式如式2–3：

$$L=L_1+L_2+L_3+L_4+L_5 \quad \text{（式2–3）}$$

式中：L——矩形工作坑的底部长度（m）；

L_1——工具管长度（m），当采用管道第一节管作为工具管时，钢筋混凝土管宜不小于0.3m，钢管宜不小于0.6m；

L_2——管节长度（m）；

L_3——运土工作间长度（m）；

L_4——千斤顶长度（m）；

L_5——后背墙的厚度（m）。

3.工作坑的深度

顶进坑地面至坑底的深度计算公式如式2–4：

$$H_1=h_1+h_2+h_3 \quad \text{（式2–4）}$$

接受坑地面至坑底的深度计算公式如式2–5：

$$H_2=h_1+h_3 \quad \text{（式2–5）}$$

式中：H_1——顶进坑地面至坑底的深度（m）；

H_2——接受坑地面至坑底的深度（m）；

h_1——地面至管道底部外缘的深度（m）；

h_2——管道外缘底部至导轨底面的高度（m）；

h_3——基础及其垫层的厚度（m），但应不小于该处坑室的基础及垫层厚度。

（三）工作坑施工方法

工作坑的施工方法主要有两种：第一种是采用钢板桩或普通支撑，通过机械或人工方式，在指定地点按照设计尺寸进行挖掘，坑底使用混凝土进行垫层和基础的铺设。这种方法适合于土质良好、地下水位较深的环境，但在顶推施工后需要额外设置背部支撑。第二种是沉井技术法，是指将混凝土井壁下沉至预定深度，并用混凝土进行封底处理。这种方法的优势在于混凝土井壁既可作为顶推后的支撑，又能有效防止坍塌。对于矩形工作坑，其四角应增设斜撑。在使用永久性结构如钢筋混凝土结构作为工作坑时，其结构需牢固可靠，能够全面抵抗土壤压力、地下水压以及顶推过程中的力量。

二、顶管施工

根据管道口径的不同，可以分为小口径、中口径和大口径三种。小口径是指内径小于800mm的、不适宜人进入操作的管道；中口径管道的内径为800～1800mm；大口径管道是指内径不小于1800mm的、操作人员进出比较方便的管道。通常，顶管法施工主要针对大口径管道。管道顶进作业的操作要求根据所选用的工具管和施工工艺的不同而不同。

（一）大口径顶管

1.人工掘进顶管

由人工负责管前挖土，随挖随顶，挖出的土方由手推车或矿车运到工作坑，然后用吊装机械吊出坑外。这种顶进方法工作条件差、劳动强度大，仅适用于顶管不受地下水影响、距离较短的场合。

2.机械掘进顶管法

机械掘进顶管法与人工掘进顶管法大致相同，但是掘进和管内运土不同。它是在顶进工具管里面安装了一台小型掘土机，把掘出来的土装在其后的上料机上，然后通过矿车、吊装机械将土直接排弃到坑外。该法不受地下水的影响，可适用于较长距离的施工现场。

3.水力掘进顶管法

水力掘进顶管法是一种利用高压水枪在管端工具内产生的高压水流，将管前端土壤冲散成泥浆，然后通过水力吸泥机或泥浆泵排出泥浆的方法。这种方法能实现边冲洗边顶推，从而持续前进。顶管作业应连续进行，除非遇到特殊情况如工具管前方的障碍、后背墙严重变形、顶铁扭曲、管位偏差过大、顶力超标、油泵或油路异常、接缝泥浆泄露等，这时应暂停作业并及时处理。在顶管过程中，前方挖出的土壤可以通过卷扬机牵引或电动、内燃运土小车及时运输，并通过起重设备转移到工作坑外，以防管端因土堆积过多而下沉，进而影响工作环境。

（二）小口径顶管

小口径顶管常用的施工方法可以分为挤压类、螺旋钻输类和泥水钻进类三种。

1.挤压类

挤压类施工法常适用于软土层，如淤泥质土、砂土、软塑状态的黏性土等，不适用于土质不均或混有大小石块的土层。其顶进长度一般不超过30m。

挤压类顶管管端的形状有锥形挤压（管尖）和开口挤压（管帽）两种。锥形挤压类顶管正面阻力较大，容易产生偏差，特别是土体不均和碰到障碍时更容易产生偏差。管道压入土中时，管道正面挤土并将管轴线上的土挤向四周，无须排泥。

2.螺旋钻输类

螺旋钻输顶管法涉及在管道前端的外部安装螺旋钻头，该钻头通过管内的钻杆与螺旋输送机相连。当螺旋输送机旋转时，它驱动钻头切削土壤，同时推动管道向前顶进。这一过程集顶进、切削和输送于一体，逐段将管道向前敷设。此方法特别适用于砂质土、砂砾土，以及硬塑性状态的黏性土质。使用螺旋钻输顶管法，顶进距离可以达到大约100米。这种方法的高效性使其在管道敷设工作中具有重要的应用价值。

3.泥水钻进类

泥水钻进顶管法是指采用切削法钻进，弃土排放，用泥水作为载体的一类施工方法，常适用于硬土层、软岩层及流沙层和极易坍塌的土层。

碎石型泥水掘进机具有切削和破碎石块的功能，故而常采用碎石型泥水掘进机来顶进管道，一次可顶进100m以上，且偏差很小。

顶进过程中产生的泥水，一般由送水管和排泥管构成的流体输送系统来完成。

扩管也是小口径顶管中常用的一种工艺，它是先把一根直径比较小的管道顶好，然后在这根管道的末端安装一只扩管器，再把所需管径的管道顶进去，或者把扩管器安装在已定管子的起始端，再将所需的管道拖入。

三、盾构法施工

（一）盾构掘进

1.始顶

盾构的始顶是指盾构在下放至工作坑导轨上后，自起点井开始至完全没入土中的这一段距离。它常需要借助另外的千斤顶来进行顶进工作。

盾构千斤顶是用已砌好的砌块环作为支承结构来推进盾构的，在始顶阶段，尚无已砌好的砌块环，在此情况下，常常通过设立临时支撑结构来支撑盾构千斤顶。一般情况下，砌块环的长度为30～50m。

在盾构初始进入土层后，应在起点井的后部及盾构衬砌环内部各设置一个圆形木环，其外径和内径与衬砌环的尺寸相匹配。这两个木环之间应砌设半圆形的永久性砌块环，而木环的水平直径以上部分应使用圆木进行支撑，以此作为初期顶进阶段盾构千斤顶的支承结构。

随着盾构的逐步推进，第一圈永久性砌块环应使用黏结材料紧贴木环进行砌筑。在盾构从起点井进入土层时，鉴于井壁挖口处的土体容易发生坍塌，如有必要，应对该土层采取局部加固措施。

2.顶进

（1）要想确保前方土体的稳定，在软土地层，应根据盾构类型采取不同的正面支护方法。

（2）盾构推进轴线应按设计要求控制质量，推进中每环测量一次。

（3）纠偏时应在推进中逐步进行。

（4）推进千斤顶应根据地层情况、设计轴线、埋深、胸板开孔等因素确定。

（5）推进速度应根据地质、埋深、地面的建筑设施及地面的隆陷值等情况调整盾构的施工参数。

（6）在盾构推进过程中，若遇到需暂停推进且预计间歇时间较长的情况，必须确保正面封闭和盾尾密封得当，并且及时处理可能出现的任何问题。

（7）在拼装管片或盾构推进停歇时，应采取防止盾构后退的措施。

（8）当推进中盾构旋转时，应及时采取纠正的措施。

（9）根据盾构选型、施工现场环境，选择土方输送方式和机械设备。

3.挖土

在地质条件较好的工程中，手工挖土依然是最好的一种施工方式。挖土工人在切削环保护罩内接连不断地挖土，工作面逐渐呈现锅底形状，其挖深应等于砌块的宽度。为减少砌块间的空隙，贴近盾壳的土可由切削环直接切下，其厚度为10～15cm。如果在不能直立的松散土层中施工，可将盾构刃脚先行切入工作面，然后由工人在切削环保护罩内施工。

对于土质条件较差的土层，可以支设支撑，进行局部挖土。局部挖土的工作面在支设支撑后，应依次进行挖掘。局部挖掘应从顶部开始，当盾构刃脚难于先切入工作面，如沙砾石层，可以先挖后顶，但必须严格控制每次掘进的纵深。

（二）管片拼装

（1）管片下井前应进行防水处理，管片与连接件等应由专人检查，配套送至工作面，拼装前应检查管片编组编号。

（2）千斤顶顶出长度应满足管片拼装要求。

（3）拼装前应清理盾尾底部，并检查拼装机运转是否正常；拼装机在旋转时，操作人员应退出管片拼装作业范围。

（4）每环中的第一块拼装定位要准确，自下而上，左右交叉对称依次拼装，最后封顶成环。

（5）逐块初拧管片环向和纵向螺栓，成环后环面应平整；管片脱出盾尾后应再次复紧螺栓。

（6）拼装时保持盾构姿态稳定，防止盾构后退、变坡变向。

（7）拼装成环后应进行质量检测，并记录填写报表。

（8）防止损伤管片、防水密封条、防水涂料及衬垫；有损伤或挤出、脱槽、扭曲时，及时修补或调换。

（9）防止管片损伤，并控制相邻管片间环面平整度、整环管片的圆度、环缝及纵缝的拼接质量，所有螺栓连接件应安装齐全并及时检查复紧。

（三）管片安装

（1）盾构顶进后应及时进行衬砌工作，其使用的管片通常采用钢筋混凝土或预应力钢筋混凝土砌块。预制钢筋混凝土管片应满足设计强度及抗渗规定，并不得有影响工程质量的缺损。管中应进行整环拼装检验，衬砌后的几何尺寸应符合质量标准。

（2）根据施工条件和盾构的直径，可以确定每个衬砌环的分割数量。矩形砌块形状简单，容易砌筑，产生误差时容易纠正，但整体性差；梯形砌块的衬砌环的整体性要比矩形砌块好。

（3）砌块有平口和企口两种连接形式，可根据不同的施工条件选择不同的连接方式。企口接缝防水性好，但拼装不易；有时也可采用黏结剂进行连接，只是连接较宜偏斜，常用的黏结剂有沥青胶或环氧胶泥等。

（4）管片下井前应编组编号，并进行防水处理。管片与连接件等应由专人检查，配套送至工作面；千斤顶顶出长度应大于管片宽度20cm。

（5）拼装前应清理盾尾底部，并检查举重设备运转是否正常；拼装每环中的第一块时，应准确定位；拼装次序应自下而上，左右交叉对称安装，前后封顶成环；拼装时应逐块初拧环向和纵向螺栓；成环后环面平整时，复紧环向螺栓；继续推进时，复紧纵向螺栓；拼装成环后应进行质量检测，并记录、填写报表。

（6）对管片接缝，应进行表面防水处理。螺栓与螺栓孔之间应加防水垫圈，并拧紧螺栓。当管片沉降稳定后，应将管片填缝槽填实，如有渗漏现象，应及时封堵，做注浆处理。拼装时，应防止损伤管片防水涂料及衬垫；如有损伤或衬垫挤出环面，应进行处理。

（7）随着施工技术的不断进步，施工现场常采用杠杆式拼装器或弧形拼装器等砌块拼装工具，不但可加快施工速度，也可使施工质量得到大大提高。

（四）注浆

1.盾构衬砌的主要作用

（1）施工阶段：作为盾构千斤顶的支撑面，承受顶力。

（2）施工完成后：成为永久性的承载结构。

2.衬砌后空隙的处理

（1）部分砌块需预留灌注孔（直径不小于36mm），用于灌入水泥砂浆填充衬砌外壁与土壁之间的空隙。

（2）灌注孔布置：通常每3～5环设置一个带有4～10个灌注孔的环。

3.壁后注浆操作

（1）在衬砌脱离盾尾后，应立即进行壁后注浆，确保多点均匀施工。

（2）注浆量应大于环形空隙体积的50%，注浆压力控制在0.2～0.5MPa，以确保空隙完全填实。

（3）注浆完成后，应在规定时间内封闭压浆孔。

4.注浆材料及操作要求

（1）常用材料包括水泥砂浆、细石混凝土和水泥净浆。

（2）灌浆材料需保持不离析、不失流动性，且灌入后体积不减少，早期强度应符合承受压力要求。

（3）灌入顺序宜自下而上，左右对称进行，避免孔隙宽度不均。

（4）灌浆量应为计算孔隙量的130%～150%，以防料浆漏入盾构内。

5.二次衬砌

（1）在一次衬砌质量完全合格的情况下，可进行二次衬砌，常用浇灌细石混凝土或喷射混凝土等方法。

（2）对于预留螺栓孔的砌块，也应执行灌浆工艺。

四、定向钻及夯管施工

（一）定向钻施工

1.导向孔钻进规定

（1）钻机必须先进行试运转，确定各部分运转正常后方可钻进。

（2）第一根钻杆入土钻进时，应采取轻压慢转的方式，稳定钻进导入位置和保证入土角；且入土段和出土段应为直线钻进，其直线长度宜控制在20m左右。

（3）钻孔时应匀速钻进，并严格控制钻进给进力和钻进方向。

（4）每进一根钻杆应进行钻进距离、深度、侧向位移等的导向探测，曲线段和有相邻管线段应加密探测。

（5）保持钻头正确姿态，发生偏差应及时纠正，且采用小角度逐步纠偏；钻孔的轨迹偏差不得大于终孔直径，超出误差允许范围宜退回进行纠偏。

（6）绘制钻孔轨迹平面、剖面图。

2.扩孔规定

（1）从出土点向入土点回扩，扩孔器与钻杆连接应牢固。

（2）根据管径、管道曲率半径、地层条件、扩孔器类型等确定一次或分次扩孔方式；分次扩孔时每次回扩的级差宜控制在100～150mm，终孔的孔径宜控制在回拖管节外径的1.2～1.5倍。

（3）严格控制回拉力、转速、泥浆流量等技术参数，确保成孔稳定和线形要求，无坍孔、缩孔等现象。

（4）扩孔孔径达到终孔要求后应及时进行回拖管道施工。

3.回拖规定

（1）从出土点向入土点回拖。

（2）回拖管段的质量、拖拉装置安装及其与管段连接等经检验合格后，方可进行拖管。

（3）严格控制钻机回拖力、扭矩、泥浆流量、回拖速率等技术参数，严禁硬拉、硬拖。

（4）回拖过程中应有发送装置，避免管段与地面直接接触以减小摩擦力；发送装置可采用水力发送沟、滚筒管架发送道等形式，并确保进入地层前的管段曲率半径在允许范围内。

4.定向钻施工的泥浆（液）配制规定

（1）导向钻进、扩孔及回拖时，及时向孔内注入泥浆（液）。

（2）泥浆（液）的材料、配比和技术性能指标应满足施工要求，并可根据地层条件、钻头技术要求、施工步骤进行调整。

（3）泥浆（液）应在专用的搅拌装置中配制，并通过泥浆循环池使用；从钻孔中返回的泥浆经处理后回用，剩余泥浆应妥善处置。

（4）泥浆（液）的压力和流量应按施工步骤分别进行控制。

（二）夯管施工

1.第一节管夯进的规定

第一节管入土层时应检查设备运行工作情况，并控制管道轴线位置；每夯入1m应进行轴线测量，其偏差应控制在15mm以内。

2.后续管节夯进的规定

（1）第一节管夯至规定位置后，将连接器与第一节管分离，吊入第二节管进行与第一节管接口焊接。

（2）后续管节每次夯进前，应待已夯入管与吊入管的管节接口焊接完成，按设计要求进行焊缝质量检验和外防腐层补口施工后，方可与连接器及穿孔机连接夯进施工。

（3）后续管节与夯入管节连接时，管节组对拼接、焊缝和补口等质量应检验合格，并控制管节轴线，避免偏移、弯曲。

（4）夯管时，应将第一节管夯入接收工作井不少于500mm，并检查露出部分管节的外防腐层及管口损伤情况。

3.管节夯进过程中的规定

管节夯进过程中，应严格控制气动压力、夯进速率，气压必须控制在穿孔机工作气压定值内；并应及时检查导轨变形情况以及设备运行、连接器连接、导轨面与滑块接触情况等。

4.夯管完成后排土作业

（1）夯管完成后进行排土作业，排土采用人工结合机械方式排土。

（2）小口径管道可采用气压、水压方法。

（3）排土完成后应进行余土、残土的清理。

5.紧急情况处理

出现下列情况时，必须停止作业，待问题解决后方可继续作业。

（1）设备无法正常运行或损坏，导轨、工作井变形。

（2）气动压力超出规定值。

（3）穿孔机在正常的工作气压、频率、冲击力等条件下，管节无法夯入或变形、开裂。

（4）钢管夯入速率突变。

（5）连接器损伤、管节接口破坏。

（6）遇到未预见的障碍物或意外的地质变化。

（7）地层、邻近建（构）筑物、管线等周围环境的变形量超出控制值。

6.定向钻和夯管施工管道贯通后的工作内容

（1）检查露出管节的外观、管节外防腐层的损伤情况。

（2）工作井洞口与管外壁之间进行封闭、防渗处理。

（3）定向钻管道轴向伸长量经校测应符合管材性能要求，并应等待24h后方能与已敷设的上下游管道连接。

（4）定向钻施工的无压力管道，应对管道周围的钻进泥浆（液）进行置换改良，减少管道后期沉降量。

（5）夯管施工管道应进行贯通测量和检查，并按《给水排水管道工程施工及验收规范》的相关规定和设计要求进行内防腐施工。

7.定向钻和夯管施工过程监测和保护规定

（1）定向钻的入土点、出土点以及夯管的起始、接收工作应设有专人联系和有效的联系方式。

（2）定向钻施工时，应做好待回拖管段的检查、保护工作。

（3）根据地质条件、周围环境、施工方式等，对沿线地面、建（构）筑物、管线等进行监测，并做好保护工作。

第三章　市政工程施工质量管理

第一节　建设工程质量管理制度和责任体系

一、工程质量的概念

建设工程质量简称工程质量，是指建设工程满足相关标准规定和合同约定要求的程度，包括其在安全、使用功能及其在耐久性能、节能与环境保护等方面所有明示和隐含的固有特性。

建设工程作为一种特殊的产品，除具有一般产品共有的质量特性外，还具有特定的内涵。建设工程质量的特性主要表现在适用性、耐久性、安全性、可靠性、经济性、节能性及与环境的协调性七个方面。

二、影响工程质量的因素

影响施工项目质量的因素主要有五大方面，即4M1E：人（Man）、材料（Material）、机械（Machine）、方法（Method）和环境（Environment）。事前对这五个方面的因素严格控制，是保证施工项目质量的关键。

（一）人的控制

人是生产活动的主体，是参与工程建设的决策者、组织者、指挥者和操作者，其总体素质和个体能力将决定着一切质量活动的成果。以人为核心是搞好质量控制的一项重要原则。

（二）材料的控制

材料是工程施工的物质条件，材料的质量是保证工程施工质量的必要条件之一，材料不符合要求，工程质量就不会合格。

（三）施工机械设备的控制

施工机械设备是现代建筑施工必不可少的设施，是反映一个施工企业力量强弱的重要方面，对工程项目的施工进度和质量有直接影响。施工时，要根据不同工艺特点和技术要求，选用合适的机械设备，正确使用、管理和保养好机械设备。

（四）方法的控制

方法是实现工程建设的重要手段，施工方法集中反映在承包商为工程施工所采用的技术方案、工艺流程、检测手段、施工程序安排等，它主要是通过施工方案表现出来的。

（五）环境的控制

良好的施工环境，对于保证工程质量和施工安全等起着非常重要的作用。

三、工程质量控制主体

工程质量控制贯穿于工程项目实施的全过程，其侧重点是按照既定目标、准则、程序，使产品和过程的实施保持受控状态，预防不合格的发生，持续稳定地生产合格品。

工程质量控制按其实施主体不同，分为自控主体和监控主体。前者是指直接从事质量职能的活动者；后者是指对他人质量能力和效果的监控者，主要包括以下五个方面：

（一）政府的工程质量控制

政府属于监控主体，它主要是以法律法规为依据，通过抓工程报建、施工图设计文件审查、施工许可、材料和设备准备、工程质量监督、工程竣工验收备案等主要环节实施监控。

（二）建设单位的工程质量控制

建设单位属于监控主体，建设单位的质量控制包括建设全过程各阶段：

1.决策阶段的质量控制

决策阶段的质量控制主要是通过项目的可行性研究，选择最佳建设方案，使项目的质量要求符合业主的意愿，并与投资目标相协调，与所在地区环境相协调。

2.工程勘察设计阶段的质量控制

工程勘察设计阶段的质量控制主要是要选择好勘察设计单位，要保证工程设计符合决策阶段确定的质量要求，保证设计符合有关技术规范和标准的规定，要保证设计文件、图纸符合现场和施工的实际条件，其深度能满足施工的需要。

3.工程施工阶段的质量控制

工程施工阶段的质量控制，主要是从以下两个方面着手的：一是择优选择能保证工程质量的施工单位；二是择优选择服务质量好的监理单位，委托其严格监督施工单位按设计图纸进行施工，并形成符合合同文件规定质量要求的最终建设产品。

（三）工程监理单位的质量控制

工程监理单位属于监控主体，主要是受建设单位的委托，根据法律法规、工程建设标准、勘察设计文件及合同，制定和实施相应的监理措施，采用旁站、巡视、平行检验和检查验收等方式，代表建设单位在施工阶段对工程质量进行监督和控制，以满足建设单位对工程质量的要求。

（四）勘察、设计单位的质量控制

勘察、设计单位属于自控主体，它是以法律法规及合同为依据，对勘察、设计的整个过程进行控制，包括工作质量和成果文件质量的控制，确保提交的勘察、设计文件所包含的功能和使用价值，满足建设单位工程建造的要求。

（五）施工单位的质量控制

施工单位属于自控主体，是以工程合同、设计图纸和技术规范为依据，对施工准备阶段、施工阶段、竣工验收交付阶段等施工全过程的工作质量和工程质量进行的控制，以达到施工合同文件规定的质量要求。

四、工程参建各方的质量责任

（一）建设单位的质量责任

建设单位在确保工程质量方面承担重要责任，具体包括以下内容：

（1）选择合格单位和确保合同质量条款：建设单位应根据工程的特性和技术要求，依据相关规定，挑选具有相应资质的勘察、设计和施工单位。在签订合同时，必须包含明确的质量条款，确立质量责任。同时，建设单位需要提供完整、真实、准确的工程相关原始资料。

（2）遵循招标规定：对于法律法规要求必须招标的工程勘察、设计、施工、监理及关键设备材料采购，建设单位必须执行招标程序，合法、合规地选择中标者。严禁将一个工程项目非法拆分给多个承包单位，不得迫使承包商低价竞标、压缩合理工期或暗示违反建设标准以降低工程质量。

（3）质量管理人员的配置：根据工程特性，建设单位应配备合适的质量管理人员。对强制监理的项目，须委托有资质的工程监理单位并签订监理合同，明确双方责任和义务。

（4）工程开工前的准备工作：建设单位负责办理施工图设计文件审查、施工许可证和质量监督手续。需组织设计和施工单位进行详细的设计交底，确保工程符合国家法规、技术标准和合同规定。

（5）工程施工过程中的质量检查：建设单位应对工程质量进行定期检查。对于设计变更，应由原设计单位或同等资质单位提出方案，并经审批机构批准后方可施工。

（6）工程竣工验收：工程完工后，建设单位应及时组织设计、施工、监理等相关单位进行施工验收。未经验收或验收不合格的工程不得交付使用。

（7）建筑材料、构件和设备的采购责任：建设单位按照合同约定负责采购建筑材料、构配件和设备，确保其符合设计和合同要求。对因材料质量问题引发的责任，建设单位应承担相应后果。

（二）勘察、设计单位的质量责任

1.明确资质与任务范围

（1）勘察和设计单位必须严格遵守其资质等级许可的界限，仅承接相应级别的勘察和设计任务。

（2）严禁承接超出资质等级许可范围的任务。

（3）不得将工程转包或非法分包，禁止以其他单位名义承揽业务或允许他人以本单位名义承接业务。

2.遵守质量责任与规范

（1）必须依照国家现行规定、工程建设的强制性标准和合同要求执行勘察和设计工作。

（2）对所编制的勘察、设计文件的质量负全责。

（3）提供的勘察成果如地质、测量、水文文件，需满足国家规定的勘察深度标准，确保真实性和准确性。

3.参与验收与问题解决

（1）勘察单位应参与施工验收，积极解决设计和施工中与勘察相关的问题。

（2）在建设工程质量事故分析中发挥作用，针对勘察原因导致的质量事故，提出技术处理方案。

4.签字责任与管理

勘察文件需由法定代表人、项目负责人、审核人和审定人签字或盖章，并对勘察质量承担相应责任。法定代表人对企业的勘察质量负总责，项目负责人主要负责项目勘察文件的质量，审核人和审定人负责其审核、审定项目的质量。

5.设计单位的文件要求和责任

（1）设计文件应符合国家规定的设计深度，明确工程合理使用年限。

（2）设计文件中的材料、构件和设备应注明规格、型号、性能等技术指标，并符合国家标准。

（3）除非特殊要求，设计单位不得指定特定生产厂商或供应商。

（4）设计单位需对施工单位审查合格的施工图文件提供详细说明，解决施工中的设计问题，并负责设计变更。

（5）参与工程质量事故分析，对设计原因导致的质量事故提出技术处理方案。

（三）施工单位的质量责任

1.明确资质等级与业务范围

施工单位需在其资质等级允许的范围内从事施工活动。这意味着，施工单位不得承揽超出其资质等级许可的施工任务。此外，施工单位有责任确保不将承接的工程非法转包或分包，也不得以任何形式利用其他施工单位的名义承揽工程，以及允许其他单位或个人以本单位的名义进行工程承揽。这些规定旨在确保施工质量的控制和管理，防止因资质不符导致的风险。

2.建立与实施质量管理体系

施工单位应建立并维护完善的质量管理体系，并实施质量责任制。这包括指定每个工程项目的项目经理、技术负责人和施工管理负责人，确保工程施工的每个环节都有明确的质量管理责任人。对于总承包工程，总承包单位应对整个建设工程的质量负全部责任。若涉及工程勘察、设计、施工、设备采购等多个环节的总承包，总承包单位还需要对其承包的所有建设工程或设备的质量负责。在总分包模式下，分包单位应依据合同向总承包单位对其分包部分的工程质量负责，而总承包单位则负有连带责任。

3.遵守工程设计与施工规范

施工单位必须遵循工程设计图纸和施工技术规范标准来组织施工。这包括未经设计单位同意不得私自修改工程设计。在施工过程中，施工单位需要根据工程设计要求、施工技术规范标准和合同条款严格检验建筑材料、构配件、设备以及商品混凝土等。此外，严禁偷工减料、使用不符合设计和强制性标准要求的产品，以及使用未经检验或试验不合格的产品。

（四）工程监理单位的质量责任

1.明确监理资质与业务范围

工程监理单位必须严格遵循其资质等级允许的范围从事监理业务。这意味着，监理单位不得承担超出其资质等级许可的工程监理任务。此外，监理单位不得以其他监理单位的名义从事监理业务，也不得转让或允许其他单位或个人以其名义承担监理职责。这些规定旨在确保监理活动的专业性和合法性，防止资质不足的实体从事监理工作，从而确保工程质量和安全。

2.签订与执行监理合同

工程监理单位应依据相关法律法规、技术标准、设计文件及建设工程承包合同，与建设单位签订监理合同。在合同框架下，监理单位代表建设单位对工程质量进行监督和管理，承担相应的监理责任。这包括确保工程施工的每个阶段都符合设计要求、施工规范和合同条款。监理单位需监控项目进度、质量控制、成本管理等关键方面，及时发现并纠正施工过程中不符合规定的行为或条件，确保工程的顺利和高质量完成。

3.承担违法责任与违约责任

工程监理单位在执行监理职责时，面临着违法责任和违约责任两个方面的风险。违法责任指的是在监理过程中，若监理单位违反了相关法律法规，如监理不当导致的安全事故或质量问题，则需承担相应的法律责任。而违约责任则涉及监理合同中规定的义务和标准，如果监理单位未能履行合同中的监理职责或未达到合同规定的监理标准，将面临违反合同的责任，这可能包括赔偿损失、支付违约金等法律后果。

4.实行质量监控与风险管理

工程监理单位应采取有效的质量监控措施，以确保工程的各个阶段都达到预期的质量标准，包括对工程材料、施工方法、施工进度和完成情况的严格检查和评估。监理单位还需进行风险管理，识别和评估可能影响工程质量和安全的各种风险因素，采取预防措施以减轻或避免这些风险。有效的风险管理不仅可以提高工程质量，还能避免可能的法律和合同责任。

5.提供技术和合规性咨询

除了传统的监理职责外，工程监理单位还应提供技术和合规性咨询服务，主要包括对建设单位就工程设计、施工技术、法规遵守等方面提供专业意见和建议。

第二节　市政工程施工质量控制

一、工程施工质量控制的依据

（一）工程合同文件

建设工程监理合同、建设单位与其他相关单位签订的合同，包括与施工单位签订的施工合同，与材料设备供应单位签订的材料设备采购合同等。项目监理机构既要履行建设工程监理合同条款，又要监督施工单位、材料设备供应单位履行有关工程质量合同条款。因此，项目监理机构监理人员应熟悉这些相关条款，据以进行质量控制。

（二）工程勘察设计文件

工程勘察包括工程测量、工程地质和水文地质勘查等内容，工程勘察成果文件为工程项目选址、工程设计和施工提供科学可靠的依据；也是项目监理机构审批工程施工组织设计或施工方案、工程地基基础验收等工程质量控制的重要依据。经过批准的设计图纸和技术说明书等设计文件，是质量控制的重要依据。施工图审查报告与审查批准书、施工过程中设计单位出具的工程变更设计都属于设计文件的范畴，是项目监理机构进行质量控制的重要依据。

（三）质量标准与技术规范（规程）

质量标准与技术规范，即规程，是专为不同行业和质量控制对象定制的，包括各类相关标准、规范或规程。这些标准依适用范围划分为国家标准、行业标准、地方标准以及企业标准。它们既是维持正常生产和工作秩序的基本准则，又是评估工程、设备和材料质量的重要标尺。在国内工程中，国家标准为强制性要求，而行业、地方及企业标准所设定的要求均不得低于国家标准。企业标准则针对企业特有的生产和工作流程，是其内部管理的核心。

在工程建设中，国家和行业标准中的某些条款以粗体显示，标明为工程建设的强制性标准。这些条款直接关联工程质量、安全、卫生及环境保护等关键方面。按照国家规定，在中华人民共和国境内进行的所有新建、扩建、改建等工程建设活动均需要遵守这些强制性标准。工程质量监督机构负责对工程建设过程中的施工、监理、验收等环节执行强制性标准情况进行监督。

二、工程施工准备阶段的质量控制

（一）图纸会审与设计交底

1.图纸会审

图纸会审是指承担施工阶段监理的监理单位组织施工单位以及建设单位、材料、设备供货等相关单位，在收到审查合格的施工图设计文件后，在设计交底前进行的全面细致熟悉和审查施工图纸的活动。其目的有两个，一是使施工单位和各参建单位熟悉设计图纸，了解工程特点和设计意图，找出需要解决的技术难题，并制定解决方案；二是解决图纸中存在的问题，减少图纸的差错，将图纸中的质量隐患消灭在萌芽之中。

工程图纸会审的主要内容包括：

（1）是否无证设计或越级设计，图纸是否经设计单位正式签署。

（2）地质勘探资料是否齐全。

（3）设计图纸与说明是否齐全，有无分期供图的时间表。

（4）设计地震强度是否符合当地要求。

（5）图纸中有无遗漏、差错或相互矛盾之处，如尺寸标注有错误，平面图与相应的剖面图相同部位的标高不一致，工艺管道、电气线路、设备装置等相互干扰，设计不合理等。

（6）图纸中是否存在不便于施工之处，能否保证质量要求。

（7）施工图或说明书中所涉及的各种标准、图册、规范、规程等，施工单位是否具备。

（8）施工单位对图纸在技术上是否可行、合理，是否符合现场情况等，是否提出要求澄清某些问题、要求做某些技术修改、要求做设计变更等问题。

（9）几个设计单位共同设计的图纸相互间有无矛盾，专业图纸之间、平立剖面图之间有无矛盾，标注有无遗漏。

（10）总平面图与施工图的几何尺寸、平面位置、标高等是否一致。

（11）防火、消防是否满足要求。

（12）建筑结构与各专业图纸本身是否有差错及矛盾，结构图与建筑图的平面尺寸及标高是否一致，建筑图与结构图的表示方法是否清楚、是否符合制图标准，预埋件是否标示清楚，有无钢筋明细表，钢筋的构造要求在图中是否标示清楚。

（13）材料来源有无保证，能否代换，图中所要求的条件能否满足，新材料、新技术的应用有无问题。

（14）地基处理方法是否合理，建筑与结构构造是否存在不便于施工的技术问题，或容易导致质量、安全、工程费用增加等方面的问题。

（15）施工安全、环境卫生有无保证。

2.设计交底

设计交底是在施工图完成并通过审查后，设计单位在将设计文件交给施工方时，依法向施工单位和监理单位详细解释施工图设计文件的过程。这一过程的目的是确保施工和监理单位能正确理解并执行设计意图，深入了解设计文件的特点、难点和疑点，掌握关键工程部位的质量要求，从而保证工程的质量。

工程设计交底的主要内容包括：

（1）有关的地形、地貌、水文气象、工程地质及水文地质等自然条件。

（2）施工图设计依据：初步设计文件、主管部门及其他部门的要求、采用的主要设计规范。

（3）设计意图方面：设计思想、设计方案比选的情况，基础开挖及基础处理方案，结构设计意图，设备安装和调试要求。

（二）施工组织设计审查

施工组织设计是指导施工单位进行施工的实施性文件。项目监理机构应审查施工单位报审的施工组织设计，符合要求时，应由总监理工程师签认后报建设单位。项目监理机构应要求施工单位按已批准的施工组织设计组织施工。施工组织设计需要调整时，项目监理机构应按程序重新审查。

1.审查的基本内容

施工组织设计审查应包括下列基本内容：

（1）审查程序应符合相关规定。

（2）施工进度、施工方案及工程质量保证措施应符合施工合同要求。

（3）资金、劳动力、材料、设备等资源供应计划应满足工程施工需要。

（4）安全技术措施应符合工程建设强制性标准。

（5）施工总平面布置应科学合理。

2.审查的程序要求

施工组织设计的报审应遵循下列程序及要求：

（1）施工单位编制的施工组织设计经施工单位技术负责人审核签字确认后，与施工组织设计报审表一并报送项目监理机构。

（2）总监理工程师应及时组织专业监理工程师进行审查，需要修改的，由总监理工程师签发书面意见退回修改；符合要求的，由总监理工程师签字确认。

（3）已签订的施工组织设计由项目监理机构报送建设单位。

（4）在施工组织设计的实施过程中，如施工单位需进行重大变更，必须得到总监理工程师的审查和同意。

3.审查质量控制要点

（1）受理施工组织设计。施工单位必须在其施工组织设计文档经过内部编审并具备完整手续（包括编制人、施工单位技术负责人签名及施工单位盖章）的情况下，填写施工组织设计报审表。然后，根据合同规定的时限，将其提交给项目监理机构。

（2）总监理工程师应在约定的时间内，组织各专业监理工程师进行审查，专业监理工程师在报审表上签署审查意见后，总监理工程师审核批准。需要施工单位修改施工组织设计时，由总监理工程师在报审表上签署意见，发回施工单位修改。施工单位修改后重新报审，总监理工程师应组织审查。

（3）项目监理机构应将审查施工单位施工组织设计的情况，特别是要求发回修改的情况及时向建设单位通报，应将已审定的施工组织设计及时报送建设单位。涉及增加工程措施费的项目，必须与建设单位协商，并征得建设单位的同意。

（4）经审查批准的施工组织设计，施工单位应认真贯彻实施，不得擅自任意改动。若需进行实质性的调整、补充或变动，应报项目监理机构审查同意。如果施工单位擅自改动，监理机构应及时发出监理通知单，要求按程序报审。

（三）现场施工准备质量控制

1.施工现场质量管理检查

工程开工前，项目监理机构应审查施工单位现场的质量管理组织机构、管理制度及专职管理人员和特种作业人员的资格。

2.分包单位资质的审核确认

分包工程开工前，项目监理机构应审核施工单位报送的分包单位资格报审表及有关资料，专业监理工程师进行审核并提出审查意见，符合要求后，应由总监理工程师审批并签署意见。

分包单位资格审核应包括的基本内容如下：

（1）营业执照、企业资质等级证书。

（2）安全生产许可文件。

（3）类似工程业绩。

（4）专职管理人员和特种作业人员的资格。

3.查验施工控制测量成果

专业监理工程师应检查、复核施工单位报送的施工控制测量成果及保护措施，签署意见，并应对施工单位在施工过程中报送的施工测量放线成果进行查验。施工控制测量成果及保护措施的检查、复核，包括：施工单位测量人员的资格证书及测量设备检定证书；施工平面控制网、高程控制网和临时水准点的测量成果及控制桩的保护措施。

4.工程材料、构配件、设备的质量控制

（1）对用于工程的主要材料，在材料进场时专业监理工程师应核查厂家生产许可证、出厂合格证、材质化验单及性能检测报告，审查不合格者一律不准用于工程。

（2）在现场配制的材料，施工单位应进行级配设计与配合比试验，经试验合格后才能使用。

（3）对于进口材料、构配件和设备，专业监理工程师应要求施工单位报送进口商检证明文件，并会同建设单位、施工单位、供货单位等相关单位有关人员按合同约定进行联合检查验收。联合检查由施工单位提出申请，项目监理机构组织，建设单位主持。

（4）对于工程采用新设备、新材料，还应核查相关部门鉴定证书或工程应用的证明材料、实地考察报告或专题论证材料。

（5）原材料、（半）成品、构配件进场时，专业监理工程师应检查其尺寸、规格、型号、产品标志、包装等外观质量，并判定其是否符合设计、规范、合同等要求。

（6）工程设备验收前，设备安装单位应提交设备验收方案，包括验收方法、质量标准、验收的依据，经专业监理工程师审查同意后实施。

（7）对进场的设备，专业监理工程师应会同设备安装单位、供货单位等的有关人员进行开箱检验，检查其是否符合设计文件、合同文件和规范等所规定的厂家、型号、规格、数量、技术参数等，检查设备图纸、说明书、配件是否齐全。

（8）由建设单位采购的主要设备则由建设单位、施工单位、项目监理机构进行开箱检查，并由三方在开箱检查记录上签字。

（9）在质量合格的材料、构配件进场后，其使用或安装前通常需要等待一段时间。在此期间，专业监理工程师应对施工单位在材料、半成品、构配件的存储、保管以及使用期限进行严格监控。

5.工程开工条件审查与开工令的签发

总监理工程师应当指导专业监理工程师对施工单位提交的工程开工报审表和相关材料进行审查。仅在满足以下条件时，总监理工程师才应签署审查意见，并在报建设单位批准之后，由总监理工程师签发工程开工令。

（1）设计交底和图纸会审已完成。

（2）施工组织设计已由总监理工程师签字确认。

（3）施工单位现场质量、安全生产管理体系已建立，管理及施工人员已到位，施工机械具备使用条件，主要工程材料已落实。

（4）进场道路及水、电、通信等已满足开工要求。

总监理工程师应至少提前7天向施工单位发出工程开工令。工期从总监理工程师所签发的工程开工令中明确指定的开工日期开始计算。

三、工程施工过程质量控制

（一）巡视与旁站

1.巡视工作

巡视是指监理人员对正在施工的部位或工序在现场进行的定期或不定期的监督活动。它是监理工程师对工程项目实施监理的重要手段之一。

监理工程师在制定监理实施细则时，应考虑所监管项目的技术特性和要求。他们需为施工过程中需重点巡视的部位及巡视工作的关键环节制订详细计划。在整个施工期间，监理工程师必须严格遵循既定的巡视计划，对指定的重点区域实施有效监控，并将巡视活动记录归档。

2.旁站工作

旁站是指在关键部位或关键工序施工过程中，由监理人员在现场进行的监督活动。它是除见证、巡视和平行检验外，监理工程师对工程项目实施监理的另一重要手段。

在接受监理任务后，相应的专业监理工程师应当根据工程的技术特点和要求，制定详细可行的旁站方案，并严格按此方案开展旁站工作，形成旁站记录归档。监理工程师在编制旁站方案和实施旁站工作时，应按下列要求进行：

（1）监理人员应对试验工程、重要隐蔽工程和完工后无法检测其质量或返工会造成较大损失的工程进行旁站。

（2）旁站监理人员应重点对旁站项目的工艺过程进行监督，对发现的问题应责令施工单位立即整改；可能危及工程质量、安全时，应予以制止并及时向总监理工程师报告。

（3）旁站监理人员应按规定的格式如实、准确、详细地做好旁站记录。

（4）旁站项目完工后，监理工程师应组织检查验收，验收合格的方可进行下道工序施工。

（二）见证取样与平等检验

1.见证取样

见证取样是指项目监理机构对施工单位进行的涉及结构安全的试块、试件及工程材料现场取样、封样、送检工作的监督活动。

（1）见证取样的方法和责任。见证取样和送检制度是指在建设监理单位或建设单位见证下，对进入施工现场的有关建筑材料，由施工单位专职材料试验人员在现场取样或制作试件后，送至符合资质资格管理要求的试验室进行试验的工作程序。

（2）见证取样应符合有关规定。建设工程施工过程中使用的所有须进行试验的结构用钢材及焊接试件、水泥、混凝土试块、砌筑砂浆试块、防水材料等土建类材料，必须实行见证取样和送检制度。建筑设备类材料、配件实行见证取样和送检具体范围另行规定。

见证取样人应由监理人员担任，或由建设单位具有初级以上专业技术职称并具有施工试验专业知识的技术人员担任。见证人员必须经培训考核取得《见证员证书》后，并由建设单位以书面形式授权委派。建设工程主管部门负责组织编写培训教材和见证人员的统一考核及发证工作。

施工现场的见证取样送检工作除应遵守上述文件外，还应遵守《建筑工程检测试验技术管理规范》的相关规定，试验人员和见证人员对见证取样和送验的代表性和真实性负责。因玩忽职守或弄虚作假使样品失去代表性和真实性造成质量事故的，应依法承担相应的责任。

见证取样按以下程序进行：

①建设单位到工程质量监督机构办理监督手续时，应向工程质量监督机构递交见证单位及见证人员授权书，写明本工程现场委托的见证单位名称和见证人姓名及见证员证件号，单位工程见证人员不得少于2人。见证单位及见证人员授权书（副本）应同时递交该工程的试验室，以便于监督机构和试验室检查有关资料时进行核对。

②有关试验室在接受见证取样试验任务时，应由送检单位填写见证试验委托书，并在见证试验委托书上签字确认。

③施工企业材料试验人员在现场进行原材料取样和试件制作时，必须有见证人在旁见证。见证人有责任对试样制作及送检进行监护，试件送检前，见证人应在试样或其包装上做出标识、封志，并填写见证记录。

④有关试验室在接受试样时应做出是否有见证取样和送检的判定，并对判定结果负责；试验室在确认试样的见证标识、封志无误后才能进行试验。

⑤在见证取样和送检试验报告中，试验室应在报告备注栏中注明见证人，加

盖“有见证检验”专用章，不得再加盖“仅对来样负责”的印章；一旦发生试验不合格情况，应立即通知监督该工程的建设工程质量监督机构和见证单位；在出现试验不合格而需要按有关规定重新加倍取样复试时，按相关规定执行。

见证取样的试验资料必须真实、完整，符合试验管理规定。由施工单位将见证取样试验资料及见证试验汇总表一并列入该工程质量保证资料。

未注明见证人和无“有见证检验”章的试验报告，不得作为质量保证资料和竣工验收资料。

对于在测试报告中进行弄虚作假的建设、施工、监理单位、实验室及个人，以及玩忽职守的行为，应由建设行政主管部门依据相关规定进行严肃处理；若行为构成犯罪，应依法追究其刑事责任。

（3）做好见证取样工作要求。

①见证取样的项目应按相关文件、标准的规定确定。

②见证人员应由具有建筑施工检测试验知识的监理人员担任，并经过培训。未监理的工程由建设单位按照要求配备见证人员。

③见证人员确定后，应由建设单位填写《见证检验见证人授权委托书》，并及时告知该工程的质量监督机构和承担相应见证试验的检测机构。

④见证人员发生变化时，监理单位应通过建设单位通知检测机构和监督机构，见证人员的更换不得影响见证取样和送检工作。

⑤需要见证取样送检的项目，施工单位应在取样送检前24h通知见证人员，见证人员应按时到场进行见证。

⑥见证人员应对取样送检的全过程进行见证，并填写见证记录。

⑦试验人员或取样人员应当在见证记录上签字确认。

⑧见证人员在执行职责时，必须核实所见证的项目、数量和比例是否符合相关规定。

2.平行检验

平行检验是项目监理机构利用一定的检查或检测手段，在承包单位自检的基础上，按照一定的比例独立进行检查或检测的活动。

平行检验的项目、数量、频率和费用等应符合建设工程监理合同的约定。对平行检验不合格的施工质量，项目监理机构就签发监理通知单，要求施工单位在指定的时间内整改并重新报验。

工程监理单位应按工程建设监理合同约定组建项目监理中心试验室进行平行检验工作。市政工程检验试验可分为验证试验、标准试验、工艺试验、抽样试验和验收试验。项目监理中心试验室进行平行检验试验的是：

（1）验证试验。材料或商品构件运入现场后，工程监理单位应按规定的批量和频率进行抽样试验，不合格的材料或商品构件不准用于工程。

（2）标准试验。在各项工程开工前合同规定或合理的时间内，工程监理单位应由施工单位先完成标准试验。监理中心试验室应在施工单位进行标准试验的同时或以后，平行进行复核（对比）试验，以肯定、否定或调整施工单位标准试验的参数或指标。

（3）抽样试验。在施工单位的工地试验室（流动试验室）按技术规范的规定进行全频率抽样试验的基础上，监理中心试验室应按规定的频率独立进行抽样试验，以鉴定施工单位的抽样试验结果是否真实可靠。当施工现场的监理人员对施工质量或材料产生疑问并提出要求时，监理中心试验室随时进行抽样试验。

（三）监理通知单、工程暂停令、工程复工令的签发

1.监理通知单的签发

在工程质量控制方面，项目监理机构发现施工存在质量问题的，或施工单位采用不适当的施工工艺，或施工不当，造成工程质量不合格的，应及时签发监理通知单，要求施工单位整改。

监理工程师签发监理通知单时，应要求施工单位在发文本上签字确认，并注明签收时间。

2.工程暂停令的签发

（1）总监理工程师在签发工程暂停令时，应根据暂停工程的影响范围和影响程度，按照施工合同和委托监理合同的约定签发。在签发工程暂停令前，应就有关工期和费用等事宜与承包单位进行协商。

（2）总监理工程师在签发工程暂停令时，应根据停工原因的影响范围和影响程度，确定工程项目停工范围。

（3）由于建设单位原因，或其他非承包单位原因导致工程暂停时，项目监理机构应如实记录所发生的实际情况。总监理工程师应在施工暂停原因消失并具备复工条件时，及时签署工程复工报审表，指令承包单位继续施工。

（4）由于承包单位原因导致工程暂停，在具备恢复施工条件时，项目监理机构应审查承包单位报送的复工申请及有关材料，同意后由总监理工程师签署工程复工报审表，指令承包单位继续施工。

（5）总监理工程师在签发工程暂停令到签发工程复工报审表之间的时间内，应会同有关各方按照施工合同的约定，处理因工程暂停引起的与工期、费用等有关的问题。

3.工程复工令的签发

因建设单位原因或非施工单位原因引起工程暂停的，在具备复工条件时，应及时签发工程复工令，指令施工单位复工。

（1）审核工程复工报审表。对于工程复工报审表的审核，总监理工程师应及时委派监理工程师进行审查。若工程暂停由非承包单位原因引起，复工审查时仅需确认导致暂停的原因是否已解除。反之，若暂停由承包单位原因引起，复工审查不仅应核实停工原因是否已消除，还需评估承包单位是否彻底查明停工的根本原因和是否制定了有效的整改与预防措施。此外，还要确保这些措施已得到有效实施。

（2）签发工程复工令。总监理工程师根据审查情况，应当在收到《工程复工报审表》后48h内完成对复工申请的审批。项目监理机构未在收到承包人复工申请后48h内提出审查意见，承包单位可自行复工。

（四）工程变更控制

1.施工单位提出工程变更

施工单位提出要求澄清某些问题，技术修改、图纸修改、施工方法改变等变更。为了有效地控制造价，当承包方提出工程变更，需由工程师确认并签发工程变更指令，其变更指令应以书面的形式发出。发生工程变更，若合同中有适用于变更工程的价格，可以依此计算价款。

2.建设单位提出工程变更

施工过程中建设单位（业主）为加快工程进度、提高使用功能或为了降低工程造价等原因，对原设计图纸及使用材料方面提出与图纸或设计说明不符的要求。

3.处理工程变更的要求

（1）项目监理机构可在工程变更实施前与建设单位、施工单位等协商确定工程变更的计价原则、计价方法或价款。

（2）建设单位与施工单位未能就工程变更费用达成协议时，项目监理机构可提出一个暂定价格并经建设单位同意，作为临时支付工程款的依据。工程变更款项最终结算时，应以建设单位与施工单位达成的协议为依据。

（3）项目监理机构可对建设单位要求的工程变更提出评估意见，并应督促施工单位按照会签后的工程变更单组织施工。

（五）质量记录资料的管理

质量资料是施工单位进行工程施工或安装期间，实施质量控制活动的记录，还包括对这些质量控制活动的意见及施工单位对这些意见的答复，它详细地记录了工程施工阶段质量控制活动的全过程。

质量记录资料包括以下三个方面的内容：施工现场质量管理检查记录资料、工程材料质量记录和施工过程作业活动质量记录资料。

质量记录资料应在工程施工或安装开始前，由项目监理机构和施工单位一起，根据建设单位的要求及工程竣工验收资料组卷归档的有关规定，研究列出各施工对象的质量资料清单。以后，随着工程施工的进展，施工单位应不断补充和填写关于材料、构配件及施工作业活动的有关内容，记录新的情况。当每一阶段（如检验批，一个分项或分部工程）施工或安装工作完成后，相应的质量记录资料也应随之完成，并整理组卷。

施工质量记录资料应真实、齐全、完整，相关各方人员的签字齐备、字迹清楚、结论明确，与施工过程的进展同步。在对作业活动效果的验收中，如缺少资料或资料不全，项目监理机构应拒绝验收。

监理资料的管理应由总监理工程师负责，并指定专人具体实施。总监理工程师作为项目监理机构的负责人应根据合同要求，结合监理项目的大小、工程复杂程度配置一至多名专职熟练的资料管理人员具体实施资料的管理工作。对于建设规模较小、资料不多的监理项目，可以结合工程实际，指定一名受过资料管理业务培训、懂得资料管理的监理人员兼职完成资料管理工作。

第三节　市政工程质量改进

一、质量改进方法

（一）坚持全面质量管理的PDCA循环方法

PDCA循环，即计划（Plan）、执行（Do）、检查（Check）、行动（Act），是一种循环的质量改进方法。这种方法强调在每一个阶段都要进行严密的计划和执行，同时要有检查和必要的行动来纠正偏差，保证质量的持续提升。在实际操作中，PDCA循环首先要求明确目标和制订详细的改进计划。接着，执行这些计划，并在过程中收集数据，以便于后续的检查和分析。检查阶段是对执行情况的评估，通过数据分析来判断是否达到预期目标，找出差距和不足。最后，在行动阶段，根据检查结果采取措施，进行必要的调整和纠正。

质量改进是一个持续的过程，每一次PDCA循环都是对质量管理体系的完善和提升。通过这种循环，企业能够不断发现问题，及时解决问题，进而逐步提高产品和服务的质量。

（二）坚持“三全”管理

“全过程”质量管理强调在产品质量形成的全过程中进行有效控制，包括从原材料采购、生产加工到最终产品交付的每一个环节，确保每一步都符合质量标准。这种方法有助于及早发现和解决质量问题，防止问题的累积和放大。

“全员”质量管理要求每一位员工，从项目经理到一线工人，都应参与到质量管理中。这种全员参与的方式可以培养员工的质量意识，让质量管理成为企业文化的一部分，提高整体质量管理的效果。

“全面质量管理”则是对项目的各个方面进行全面的质量控制。这不仅仅是质量管理部门的任务，更是要求项目的所有部门都参与进来，形成一个质量管理的整体网络。这种全面的管理方式有助于从不同角度识别和解决问题，提高整体项目的质量。

（三）运用先进的管理办法、专业技术和数理统计方法

先进的管理方法，如精益管理、六西格玛管理等，可以帮助企业更有效地识别和消除浪费，提升效率和质量。引入专业技术，如自动化设备、信息技术等，可以减少人为错误，提高生产的准确性和一致性。数理统计方法的应用，如控制图、假设检验等，是质量管理中的重要工具。通过数据分析，企业可以更准确地了解质量管理的现状，识别潜在的问题和改进的机会。

二、质量预防与纠正措施

（一）质量预防措施

1.定期召开质量分析会

项目经理部应定期召开质量分析会，这是一种主动的质量管理方法。在会议中，团队成员应集中讨论和分析可能影响工程质量的潜在原因。这不仅涉及工程实施的技术方面，而且包括管理流程、供应链、人力资源等多个方面。通过深入分析，项目团队可以更早地识别潜在的问题，并在它们成为严重问题之前采取预防措施。

2.制定和实施防止措施

对于已经识别的可能出现的不合格现象，项目团队需要制定一套具体的措施来防止它们的再次发生，主要包括改进工作流程、提高材料质量、加强技术培训等。这些措施需要得到全体团队成员的支持，并由项目经理负责组织实施。

3.针对质量通病采取预防措施

质量通病是指那些在类似工程中经常出现的质量问题。对这些问题，项目团队应根据以往的经验和行业最佳实践，采取预防措施。例如，如果某种特定的施工方法在过去的项目中常常导致问题发生，那么可以考虑改用更先进或更适合的技术。

4.实施预防措施控制程序

对于那些潜在的严重不合格现象，需要实施特别的预防措施控制程序。这

些控制程序可能包括更严格的检验标准、更高级别的审批流程、专业的风险评估等。目的是确保这些严重的问题在发生之前就被识别和控制。

5.评价预防措施的有效性

项目经理部不仅要负责实施预防措施，还需要定期评价这些措施的有效性。这可以通过定期的项目审查、质量审计、员工反馈等方式进行。有效性评估可以帮助项目团队了解哪些措施有效、哪些需要改进，从而不断优化质量管理策略。

（二）质量纠正措施

（1）对发包人或监理工程师、设计人、质量监督部门提出的质量问题，应分析原因，制定纠正措施。

（2）对已发生或潜在的不合格信息，应分析并记录结果。

（3）对检查发现的工程质量问题或不合格报告提及的问题，应由项目技术负责人组织有关人员判定不合格程度，制定纠正措施。

（4）对严重不合格或重大质量事故，必须实施纠正措施。

（5）实施纠正措施的结果应由项目技术负责人验证并记录；对严重不合格或等级质量事故的纠正措施和实施效果应验证，并应报企业管理层。

（6）项目经理部或责任单位应定期评价纠正措施的有效性。

三、市政工程现场文明施工

（一）加强现场文明施工的管理

文明施工是现代建筑工程中的一个重要方面，它不仅关乎施工效率和质量，而且体现了企业的社会责任感和职业道德。加强现场文明施工的管理是保证施工进程顺利、保障工人安全和提升工程质量的关键。

1.建立文明施工的管理组织

（1）项目经理的角色定位：确立项目经理作为现场文明施工的第一责任人，是文明施工管理的核心。项目经理需要具备强大的组织能力和对工程项目的深刻理解，能够协调各方面的工作，确保文明施工的各项规定得到有效执行。

（2）多部门协同工作：由各专业工程师、质量、安全、材料、保卫等相关部门的工作人员组成文明管理团队，形成跨部门的协作模式。这种模式有利于从不同角度监督和推动文明施工的实施。

2.健全文明施工的管理制度

（1）建立岗位责任制：为每个岗位明确文明施工的职责和要求，保证施工现场的秩序和安全。这包括规定工人操作规范、施工场地的整洁和设备的正确使用。

（2）实施考核制度：将文明施工工作考核列入经济责任制中，通过考核结果影响相关人员的奖惩，激励大家积极参与文明施工。

（3）建立检查制度：实行自检、互检和交接检查制度，确保施工各环节的顺畅衔接，及时发现并解决问题。

（4）推行奖惩制度：通过奖励那些在文明施工中表现突出的个人或团队，对违反规定的行为进行处罚，以此来强化文明施工的重要性。

（5）组织文明施工竞赛：定期开展文明施工竞赛，评选出表现优秀的队伍，增强工人的参与感和团队精神。

（6）强化教育培训：加强对员工的文明施工教育培训，提升他们的专业知识和文明施工意识，确保每位员工都能理解并遵守文明施工的相关规定。

（二）落实现场文明施工的各项管理措施

针对现场文明施工的各项要求，落实相应的各项管理措施。

1.施工平面的布置

施工总平面图是现场管理、实现文明施工的依据。施工总平面图应对施工机械设备、材料和构配件的堆场、现场加工场地，以及现场临时运输道路、临时供水供电线路和其他临时设施进行合理布置，并随工程实施的不同阶段进行场地布置和调整。

2.现场围挡、标牌的设置

（1）施工现场必须实行封闭管理，设置进出口大门，制定门卫制度，严格执行外来人员进场登记制度。沿工地四周连续设置围挡，市区主要路段和其他涉及市容景观路段的工地设置围挡的高度不低于2.5m，其他工地的围挡高度不低于1.8m，围挡材料要求坚固、稳定、统一、整洁、美观。

（2）施工现场必须设有“五牌一图”，即工程概况牌、管理人员名单及监督电话牌、消防保卫（防火责任）牌、安全生产牌、文明施工牌和施工现场总平面图。

（3）施工现场应合理悬挂安全生产宣传和警示牌，标牌应悬挂得牢固、可靠，特别是主要施工部位、作业点和危险区域以及主要通道口都必须有针对性地悬挂醒目的安全警示牌。

3.施工场地管理

（1）施工现场应积极推行硬地坪施工，作业区、生活区主干道地面必须用一定厚度的混凝土硬化，对场内其他道路地面也应进行硬化处理。

（2）施工现场道路应畅通、平坦、整洁，无散落物。

（3）施工现场应设置排水系统，排水畅通、不积水。

（4）泥浆、污水、废水外流或未经允许排入河道，严禁堵塞下水道和排水管道。

（5）施工现场适当地方应设置吸烟处，作业区内禁止随意吸烟。

（6）积极美化施工现场环境，根据季节变化，适当进行绿化布置。

4.材料堆放、周转设备管理

（1）建筑材料、构配件、料具必须按施工现场总平面布置图堆放，布置合理。

（2）建筑材料、构配件及其他料具等必须做到安全、整齐堆放（存放），不得超高。堆料应分门别类、悬挂标牌。标牌应统一制作，标明名称、品种、规格、数量等。

（3）建立材料收发管理制度，仓库、工具间材料应堆放整齐，易燃易爆物品应分类堆放，由专人负责，以确保安全。

（4）施工现场应建立清扫制度，落实到人，做到工完料尽场地清，车辆进出场应有防泥带出措施。建筑垃圾应及时清运，临时存放现场的也应集中堆放整齐，悬挂标牌。不使用的施工机具和设备应该及时清出场。

（5）施工设施、大模板、砖夹等应集中堆放整齐，大模板应成对放稳，角度正确。钢模及零配件、脚手扣件应分类、分规格，集中存放。竹木杂料应分类堆放、规则成方、不散不乱、不作他用。

5.现场生活设施设置

（1）施工现场作业区与办公、生活区必须明显划分，确因场地狭窄不能划分的，要有可靠的隔离栏防护措施。

（2）宿舍内应确保主体结构安全，设施完好。宿舍周围环境应保持整洁、安全。

（3）宿舍内应有保暖、消暑、防煤气中毒、防蚊虫叮咬等措施。严禁使用煤气灶、煤油炉、电饭煲、热得快、电炒锅、电炉等器具。

（4）食堂应有良好的通风和卫生措施，保持卫生整洁，炊事员持健康证上岗。

（5）建立现场卫生责任制，设卫生保洁员。

（6）施工现场应设固定的男、女简易淋浴室和厕所，要保证结构稳定、牢固和防风雨，并实行专人管理，及时清扫，保持整洁，要有灭蚊、蝇的措施。

6.现场消防、防火管理

（1）现场应建立消防管理制度，建立消防领导小组，落实消防责任制和责任人员，做到思想重视、措施跟上、管理到位。

（2）定期对有关人员进行消防教育，落实消防措施。

（3）现场必须有消防平面布置图，临时设施按消防条例的有关规定搭设，符合标准、规范的要求。

（4）易燃易爆物品堆放间、油漆间、木工间、总配电室等消防、防火重点部位要按规定设置灭火器和消防沙箱，并由专人负责，对违反消防条例的有关人员进行严肃处理。

（5）施工现场若需用明火，应做到严格按动用明火的规定执行，审批手续齐全。

7.医疗急救管理

实施医疗急救管理的关键在于加强卫生防病教育，确保现场人员对健康风险有充分认识。此外，配备必要的医疗设施和工具，如急救箱、医药设备等，对现场急救人员进行专业培训，确保他们能够在紧急情况下提供及时有效的医疗援助。为了加强应急响应，现场办公室应在显眼位置张贴急救车辆和附近医院的联系电话，以便在需要时迅速联络。

8.社区服务管理

社区服务管理的主要目标是确保施工活动对周边社区的影响降到最低，一方面，需要制定一系列措施，包括在施工期间采取必要手段减少噪声、扬尘等扰民现象；另一方面，严格禁止在现场焚烧有毒或有害物质，以防止对周边环境造成污染。

9.治安管理

（1）建立现场治安保卫领导小组，由专人管理。

（2）对新入场的人员及时登记，做到合法用工。

（3）按照治安管理条例和施工现场的治安管理规定搞好各项管理工作。

（4）建立门卫值班管理制度，严禁无证人员和其他闲杂人员进入施工现场，避免安全事故和失盗事件的发生。

（三）建立检查考核制度

为了确保建筑工程的文明施工，国家及各地区已经制定了一系列标准和规定，并积累了丰富的实践经验。在实际施工过程中，项目团队应根据这些标准和规定建立一套文明施工的考核体系，以此推动各项文明施工措施的有效执行。这套考核体系旨在评估和指导施工团队遵守规定、采取合理措施，并确保施工过程的文明、安全和高效。

（四）抓好文明施工建设工作

（1）建立宣传教育制度。为了加强文明施工意识，项目部应在现场开展多方面的宣传教育活动，包括宣传安全生产的重要性、文明施工的标准和做法、国家重大事件的宣传、当下社会形势的介绍、企业精神的弘扬以及优秀事迹的分享。这样的宣传教育不仅有助于增强工作人员的安全意识和文明施工水平，还能增强企业文化和团队凝聚力。

（2）坚持以人为本，强化管理人员和班组的文明建设。项目部需要重视对管理人员和班组的教育和培训，强调遵纪守法的重要性，并通过各种培训和实践活动，提升他们的管理能力和文明素养。这种以人为本的管理策略有助于建立一个和谐、高效的工作环境，进而提升整个企业的管理水平和文明程度。

（3）主动与相关单位协作，积极参与共建文明活动。通过与政府部门、行业协会以及其他相关单位的合作，项目部可以共同推进一系列文明施工相关活动。这种合作不仅能增强文明施工的实效性，还能有效提升企业在社会上的形象和影响力。

第四章　市政施工项目的安全管理

第一节　施工安全管理基础

一、施工安全管理的特点

（1）作业环境的局限性：建筑产品通常位于固定地点，施工需在有限空间内集中众多人力、物资与机械进行作业。这种空间局限往往导致物体打击等安全事故的发生。

（2）恶劣的露天作业条件：大部分建筑工程施工在露天进行，工人面临着艰苦的工作环境，增加了伤亡事故的风险。

（3）高空作业的危险性：由于建筑物体积巨大，施工人员常在数十甚至数百米的高空作业，高空坠落事故的风险因此增加。

（4）流动性大，安全意识薄弱：建筑项目完成后，施工人员需迁至新的施工地点，由此产生的高流动性和安全意识的薄弱，增加了安全管理的复杂性。

（5）手工操作多，劳动强度高：在恶劣的工作环境下，施工人员需进行大量手工操作，体力消耗大，劳动强度高，个体劳动保护任务因而变得更加艰巨。

（6）产品多样性与施工工艺的变化性：建筑产品多样，施工工艺复杂多变，要求施工单位根据工程进度和现场情况，及时采取相应的安全技术和管理措施。

（7）场地狭窄导致的作业复杂性：随着建筑趋向高层，施工场地变窄，多工种交叉作业的复杂性增加，机械伤害和物体打击事故的风险随之上升。

上述这些特点使施工安全管理面临的挑战更为复杂，尤其在高空作业、交叉作业、垂直运输、个体劳动保护及电气工具使用等方面的安全隐患较多。伤亡事故常见于高空坠落、物体打击、机械伤害、起重伤害、触电、坍塌等。此外，新颖、独特的建筑产品的出现，也为建筑施工带来新的挑战，对安全管理和防护技术提出了新的要求。

二、施工现场的安全隐患

（一）人员安全隐患

人员安全隐患是指可能导致安全事故的人为因素，具体指能引起系统故障或性能下降的个人因素以及违反设计及安全规定的行为。这类安全隐患主要分为两大类：个人安全隐患和不安全行为。

1.个人安全隐患

个人安全隐患是指那些因人员心理、生理或能力方面不适应工作需求而引起的安全问题。具体包括：

（1）心理因素：如个性、情绪不稳定等心理状态影响安全。

（2）生理因素：例如视觉、听觉障碍或身体状况、年龄、健康问题等不符合岗位要求的因素。

（3）能力因素：指缺乏必要的知识、技能、应急处理能力或资格等，无法满足工作需求的因素。

2.不安全行为

不安全行为是指由人为错误引起的事故，这类行为会导致系统故障或性能下降，违反设计和操作规范。施工现场的不安全行为大致可分为以下13类：

（1）操作失误、忽视安全、忽视警告。

（2）导致安全装置失效。

（3）使用危险设备。

（4）用手代替工具操作。

（5）物品存放不当。

（6）冒险进入危险区域。

（7）攀爬危险位置。

（8）在悬挂物品下作业或停留。

（9）机器运转中进行检修、维护。

（10）分心行为。

（11）未正确使用个人防护装备。

（12）穿着不安全。

（13）错误处理易燃易爆物品。

3.不安全行为产生的主要原因

不安全行为的出现通常源于几个方面的原因：系统和组织层面的问题、思想责任观念的缺失及具体工作环节的问题。在这些因素中，工作环节问题导致不安全行为的主要原因包括：缺乏专业知识或工作方法不当；技术不熟练或经验不足；工作速度不合理；擅自操作，不遵守管理规定。大多数事故发生并非由技术问题引起，而是由违反规章制度所致。因此，防范和重视导致人为不安全因素的发生显得尤为重要。

（二）物的安全隐患

物的安全隐患指的是那些可能导致事故发生的物质条件，包括机械设备等物质或环境中存在的不安全因素。

1.物的安全隐患的内容

（1）物品（如机器、设备、工具、物质等）本身存在的缺陷。

（2）保护措施和保险机制的不足。

（3）物品放置方式的不妥。

（4）作业环境和场所的缺陷。

（5）外部环境和自然因素的不安全状态。

（6）作业方式导致的物的不安全状态。

（7）保护设备、信号、标志以及个人防护用品的缺陷。

2.物的安全隐患的类型

（1）缺乏或存在缺陷的防护装置。

（2）设备、设施、工具及附件的缺陷。

（3）个人防护用品的缺失或不足。

（4）施工生产场地的环境问题。

（三）管理上的安全隐患

在施工领域，管理层面的安全隐患通常被视为管理上的缺失，它们是事故隐患的潜在因素，以间接方式造成影响。管理上的安全隐患主要包括以下几个方面：

（1）技术层面的缺陷。

（2）教育方面的不足。

（3）生理因素的缺失。

（4）心理层面的短板。

（5）管理操作上的漏洞。

（6）由教育及社会历史背景引起的缺失。

三、施工安全管理的任务

（1）施工安全的法规执行：施工现场的安全管理需要严格执行国家及地方关于安全生产、劳动保护和环境卫生的相关法律法规。目的是明确安全目标，并确保组织结构、制度建设及措施实施到位，从而保障施工安全。

（2）建立施工安全管理体系：针对施工现场安全生产管理，必须建立一套完善的管理体系，制定针对本项目的安全技术操作规程，并制定针对性的安全技术措施。

（3）开展安全教育：组织安全教育活动，旨在提升职工的安全生产意识，确保职工掌握必要的生产技术知识，并严格遵守施工规程和纪律。

（4）采用现代化管理：运用现代管理方法和科技手段，选择并实施达成安全目标的具体方案，确保对本项目安全目标的实现进行有效控制。

（5）事故处理：依照“四不放过”的原则处理事故，并向相关政府安全管理部门进行汇报。

四、施工安全管理实施程序

（1）确定项目的安全目标：在项目经理领导下的项目管理系统中，采用目标管理方法对安全目标进行分解，从而确保每个岗位都有明确的安全目标，实现全员安全管理。

（2）制订安全技术措施计划：针对生产过程中的不安全因素，采取技术手段进行消除和控制，并制订相应的项目安全技术措施计划。

（3）实施安全技术措施：建立并完善安全生产责任制，配置必要的安全生产设施，开展安全教育和培训，保持信息的沟通和交流，通过安全控制确保生产作业安全处于可控状态。

（4）验证安全技术措施：开展安全检查，纠正不符合标准的情况，并做好检查记录。根据实际情况对安全技术措施进行补充和调整。

五、施工安全管理的基本要求

（1）开工之前，必须获得安全行政主管部门颁发的“安全施工许可证”。

（2）总承包单位及其分包单位均需要持有“施工企业安全资格审查认可证”。

（3）各类工作人员上岗前，须具备相应的执业资格。

（4）所有新入职员工必须完成三级安全教育，分别由公司、项目部和班组负责。

（5）特种工种的作业人员，需要持有特种作业操作证，并按规定定期复查。

（6）发现的安全隐患需实施“五整”处理，即整改责任人、整改措施、整改完成时间、整改完成人、整改验收人。

（7）要严格执行安全生产“六关”，即措施关、交底关、教育关、防护关、检查关、改进关。

（8）施工现场安全设施应齐全，符合国家及地方的相关规定。

（9）施工机械，特别是起重设备等，必须通过安全检查，确认合格后方可投入使用。

六、安全生产责任制

（一）一般规定

安全生产责任制是企业管理制度的核心，构成岗位责任制的关键部分。它在企业安全管理体系中占据基础地位，是确保安全生产的重要措施。

此制度依据“生产管理与安全管理并重”和“人人对安全生产负责”的原则，明确规定各层级领导、各部门、各类岗位人员在生产过程中的安全职责。安全生产责任制的实施，使得安全与生产在组织领导层面紧密结合，确保了生产过程中安全管理的全面覆盖和纵深实施。制定各级各部门安全生产责任制的基本要求如下。

（1）企业经理作为企业安全生产的首要负责人。

（2）总工程师（或主任工程师、技术负责人）负责企业安全生产的技术工作。

（3）项目经理须对项目的安全生产工作担负领导责任：遵守安全生产规定，禁止违规指挥；制定与执行安全技术措施；定期进行安全检查，排除事故隐患，禁止违规操作；对员工进行安全技术和纪律教育；事故发生时，应及时报告，分析原因，提出并执行改进措施。

（4）班组长、施工员、工程项目技术负责人对所负责工程的安全生产承担直接责任。

（5）班组长应遵守安全生产规章制度，引领班组安全操作，执行安全交底，有权拒绝违规指令；班前进行机具、设备、防护用具及作业环境的安全检查；组织班组安全日活动和班前安全会；工伤事故发生时，应保护现场并立即向上级汇报。

（6）企业的生产、技术、机械设备、材料、财务、教育、劳资、卫生等部门需在各自业务范围内对安全生产负责。

（7）安全机构及专职人员负责安全管理和监督检查工作。

（二）施工项目管理人员及生产人员的安全责任

1.项目经理安全生产责任制

（1）项目经理担当工程施工安全生产的首要责任人，全方位负责工程施工的安全生产、文明施工及防火工作。遵循国家法律法规，落实上级颁布的安全生产规章制度，全面负责劳动保护。

（2）贯彻实施各级安全生产责任制，确保上级的安全规章制度在施工管理中得到执行，将安全生产工作纳入日常管理议程。

（3）组织开展员工安全教育，支持安全员的工作，定期进行安全生产检查。

（4）面对事故隐患，应立即按照明确整改责任人、整改措施、整改时间、整改完成人及整改验收人的原则进行整改。

（5）工伤事故发生时，应迅速实施救护，保护现场，并向上级部门报告。

（6）禁止违章指挥和要求员工进行风险作业。

2.技术员安全生产责任制

（1）遵守国家法律法规，深入学习并熟悉安全生产操作规程，执行上级安全部门规定的规章制度。

（2）根据施工技术方案中的安全生产技术措施，提出技术实施方案及改进方案中的技术要求。

（3）审核安全生产技术措施时，对不符合技术规范的内容有权提出修改意见，确保措施的准确性和完善性。

（4）依据技术部门制定的安全技术措施，结合施工现场的实际情况，补充完善分类的安全技术措施。

（5）在施工过程中，对现场安全生产负有管理责任，发现隐患时，有权要求整改并向项目经理报告。

（6）对施工设施及各类安全保护、防护设备进行技术鉴定，并提出专业意见。

3.安全员安全生产责任制

（1）安全员负责施工现场的安全生产、文明卫生和防火管理，严格遵守国家法律法规，积极学习安全生产规章制度，努力提升专业知识与管理能力，不断提高自身素质。

（2）定期对施工现场的安全生产进行检查，发现安全隐患，及时采取措施进行整改，并向项目经理汇报处理情况。

（3）坚持安全原则，对违反安全操作规程的行为和人员不容忍，勇于进行阻止和教育。

（4）对安全设施的配置提出建议，提交项目经理，并在解决不了的情况下，要求暂停施工，上报公司处理。

（5）安全员有权根据公司相关制度进行监督，对违规者实施处罚，对表现优秀的员工上报公司并给予奖励。

（6）工伤事故发生时，迅速采取保护现场和组织抢救措施，并立即向项目经理和公司汇报。

（7）认真执行安全技术交底，加强安全生产、文明卫生、防火的管理工作。

4.施工员安全生产责任制

（1）遵守国家法律法规，熟悉企业的安全技术措施，并在组织施工中实施这些措施。

（2）施工员需要检查施工现场的安全工作，确保各项安全设施符合规范要求和科学性，在发现问题时及时调整，并向项目经理汇报。

（3）施工过程中，遇到违章现象或冒险作业，应与安全员合作，及时阻止和纠正，并在必要时暂停施工，汇报项目经理。

（4）在生产与安全发生矛盾时，必须优先考虑安全，暂停施工，待安全措施整改和落实后，方可继续施工。

（5）发现安全隐患时，应立即通知安全员和项目经理，并采取措施，共同整改，确保施工全程的安全。

5.各生产班组和职工安全生产责任制

（1）遵守国家法律法规和安全生产操作规程与规章制度，不违章作业，有权拒绝违章指挥和在危险区域施工。如无有效安全措施，有权停止作业，并向项目经理汇报，提出整改建议。

（2）正确使用劳动保护用品和安全设施，爱护施工设备，禁止非本工种人员操作机械、电器等。

（3）学习掌握安全技术操作规程和上级安全部门的规章制度，遵守安全生产相关规定，提升自我保护意识和能力。

（4）职工应相互监督，制止违章和冒险作业，发现隐患及时报告项目经理和安全员，并立即整改，确保安全作业。

（5）工伤事故发生时，应立即进行抢救，并向领导报告，保护事故现场，如实反映情况。

（三）安全管理目标责任考核制度及考核办法

企业应根据实际情况制定安全生产责任制及其考核办法。企业应成立责任制考核领导小组，并制定责任制考核的具体办法，进行考核且有相应考核记录。对于工程项目部的项目经理，由企业直接进行考核，而各级管理人员则由项目经理联合相关人员进行考核。考核频率可以定为每月一次的小型考核，半年一次的中型考核，以及年度的大型考核。

1.考核办法的制定

（1）组建一个负责安全生产责任制考核的领导小组。

（2）通过正式文件明确考核的方法，确保考核工作得到认真执行。

（3）制定严格的考核标准、考核时间和考核内容。

（4）将考核结果与经济效益相联系，奖惩分明。

（5）保证考核过程的透明度，加强群众监督，避免形式主义。

（6）考核的依据是“管理人员安全生产责任目标考核表”。

2.项目考核办法

（1）工程项目开展后，企业安全生产责任制考核领导小组应对项目的各级部门及管理人员的安全生产责任目标进行考核。

（2）考核对象包括项目经理、施工技术人员、施工管理人员、安全员、班组长等。

（3）考核过程：项目经理和安全员由公司（或分公司）进行考核，其他管理人员则由项目经理联合相关人员负责。

（4）考核时间：根据企业和项目部的实际情况而定，至少每月进行一次。

（5）考核内容：基于安全生产责任制和安全管理目标，按照考核表中的内容进行评估。

（6）考核结果应及时公布，并根据结果对表现突出的员工给予奖励，对表现不佳者进行处罚。

第二节　安全技术措施

一、安全技术措施一般规定

安全技术措施是指在技术层面预防工伤事故和职业病的发生。在工程施工领域，这些措施根据工程特性、环境状况、劳动组织方式、操作方法、施工机械使用和供电设备等因素制定，以确保施工过程的安全。这些措施是建筑工程项目管理规划或施工组织设计中不可或缺的部分。

施工安全技术措施涵盖安全防护设施的布置及各类预防措施，具体包括防止火灾、中毒、爆炸、洪水、尘埃、坍塌、物体打击、机械伤害、车辆滑行、高空坠落、交通事故、寒冷、酷热、疾病传播及环境污染等。

二、安全技术措施编制依据和编制要求

（一）编制依据

在建筑工程项目中，施工组织或专项方案需要包含具体的安全技术措施。对于特殊或危险性较高的工程，必须制定专项施工方案或安全技术措施。编制安全技术措施或专项方案时，需参考以下依据：

（1）国家及地方关于安全生产、劳动保护、环境保护和消防安全的法律法规及相关规定。

（2）建筑工程安全生产的法律、标准和规程。

（3）安全技术的标准、规范和规程。

（4）企业自身的安全管理规章制度。

（二）编制的要求

1.及时性

（1）在开展施工前，必须制定并完成安全技术措施的编制。这些措施须通过专业审核并获得批准，方能正式交由项目经理部门，并以此来指导施工工作。

（2）施工期间，若设计有所变动，相关的安全技术措施也应相应调整或补充，以确保施工能够安全进行。此外，若施工环境发生变化，安全技术措施的内容也需相应更新，并通过原编制和审批人员完成变更程序，禁止未经授权自行修改。

2.针对性

（1）对于特定工程项目，应准确识别结构特性中的潜在危险源，并采用技术措施有效消除这些危险源，确保施工过程的安全。

（2）应针对不同施工方法和工艺，制定相应的安全技术措施，包括设计方案、安全验算、详细图纸和文字说明。同时，考虑到各分部（分项）工程的施工工艺可能引入的安全风险，采取相应技术措施确保安全实施。依据《建筑工程安全生产管理条例》，对土方工程、基坑支护、模板工程等必须制定专项方案，并对特定工程进行专家论证和审查。

（3）应对使用的各类机械设备和电气设备潜在危险进行全面评估，并通过安装安全保护装置和限位装置等技术手段确保其安全运行。

（4）针对施工中可能出现的有毒、有害、易燃、易爆等情况，需制定全面的预防措施，降低这些因素对施工人员的潜在危害。

（5）应全面评估施工现场及其周边环境中可能存在的危险因素，以及材料、设备运输过程中的困难和不安全因素，并制定相应的安全技术措施。

（6）考虑到季节性和气候对施工的影响，应制定包括雨季、冬季和夏季在内的全面施工安全措施，以应对不同季节的特定风险和挑战。

3.可操作性、具体性

（1）安全技术措施和方案应具体明确，便于操作，能够详细指导施工过程，避免泛泛而谈或仅停留在形式上。

（2）安全技术措施和方案中应包含施工总平面图。在此图中，危险油库、易燃材料库、变电设备，以及材料和构件的堆放位置必须根据施工需求和安全堆放规范进行明确定位。同时，对于塔式起重机、井字架或龙门架、搅拌机等设备的位置也需做出具体规划。

（3）在安全技术措施和方案中，负责劳动保护、环境保护和消防的人员必须了解工程项目的整体情况、施工方法和场地环境的最新信息。同时，他们应熟悉相关的安全生产法规和标准，并具备相应的专业知识和施工经验。

三、安全技术措施的编制内容

（一）一般工程

一般工程包括：

（1）场地内运输道路和行人通道布局。

（2）一般基础及桩基础建设计划。

（3）主体结构搭建方案。

（4）室内装修工作流程。

（5）暂时性用电技术计划。

（6）边缘、洞口及交错作业的施工安全预防措施。

（7）安全网的设置范围及其管理规定。

（8）防水作业的安全技术方案。

（9）设备安装过程中的安全措施。

（10）消防、防毒、防爆、防雷等安全预防。

（11）街边防护、邻近电力线路、地下电力、燃气供应、通风和管线系统，以及邻近建筑的保护措施。

（12）群塔作业安全技术措施。

（13）中小型机械使用安全措施。

（14）冬、夏、雨季施工安全措施。

（15）新工艺、新技术、新材料使用的安全技术措施等。

（二）单位工程安全技术措施

对于结构复杂、风险较高、特点独特的特种工程，需要制定专门的施工方案，包括土方工程、基坑支撑、模板工程、起重吊装、脚手架建设以及拆除、爆破工作等。这些专项施工方案中应包含设计依据、安全验算结果、详细图纸和文字描述。

（三）季节性施工安全技术措施

（1）高温作业安全策略：在夏季持续的高温期间，制定防暑降温等安全措施以及雨季施工安全方案。

（2）在雨季施工时，应制定防触电、防雷击、防塌陷、防台风等安全技术措施。

（3）冬季施工安全方案：在冬季施工期间，应采取防火、防风、防滑、防止煤气中毒和防冻等安全措施。

四、安全技术措施及方案审批、变更管理

（一）安全技术措施及方案审批管理

（1）对于一般工程，安全技术措施及方案需要由项目经理部的专业工程师进行审核，由技术负责人批准，并提交给公司管理部门和质量安全监督部门进行备案。

（2）重要工程的安全技术措施及方案须经过项目经理部技术负责人的批准，并由公司管理部门和安全部门进行复核，技术发展部或指定的工程师进行最终审批，并在相关部门备案。

（3）对于大型和特大型工程，安全技术措施及方案由项目经理部技术负责人负责编制，并提交至公司技术发展部、管理部、安全部门进行审核。

（二）安全技术措施及方案变更管理

（1）在施工过程中，如果出现设计变更，相应的安全技术措施也必须进行调整。未经变更的安全技术措施不得用于施工。

（2）如需修改已拟定的安全技术措施，必须先获得编制人的同意，并按规定程序进行修改审批。

五、安全技术交底

安全技术交底是向施工人员传达安全施工要领的关键步骤，确保工程项目的安全技术方案得以实际执行。项目经理部的技术管理人员会根据各分部（分项）工程的需求、特点和潜在风险撰写安全技术交底，作为施工人员的指导性文档，因此需要内容具体、明确且针对性强。

（一）安全技术交底的有关规定

1.分级交底制度的实施

在建筑工程施工中，安全技术交底的实施至关重要。实行分级交底制度，即在不同的施工阶段和管理层级采取不同的交底策略，旨在保障施工安全和效率。项目技术负责人在工程启动前，必须向现场负责人和班组长进行详尽的交底，这包括但不限于工程的总体概况、预定的施工方法，以及必要的安全技术措施。此举确保了从项目的顶层管理到实际操作层面，每个参与者都对工程有全面的了解和准备。

此外，当工程进入具体施工阶段，班组长扮演着关键角色。他们不仅需要在安排具体工作前向组内成员进行详细的书面安全技术交底，还必须根据工程进度和实际情况，定期或不定期地向相关班组进行交叉作业的安全交底。在多队伍或多工种配合的情况下，这种交叉交底尤为重要，因为它涉及不同工种之间的相互理解和协调，确保了施工过程中的安全和顺畅。

2.面对结构复杂的分部分项工程的交底

结构复杂的分部分项工程往往伴随着更高的安全风险和技术要求。因此，在这类工程中，项目经理和技术负责人的角色变得尤为关键。他们需要根据工程的特点，进行全面而详尽的安全技术交底，确保每一位作业人员都能准确理解和执行安全措施。这不仅涉及常规的安全操作规程，还包括对特殊风险点的识别和预防措施。例如，在高空作业、深基坑施工或其他特殊环境中施工时，项目经理和技术负责人需特别强调相关的安全预警系统、应急处置方案以及个人防护装备的正确使用。此外，他们还需确保作业人员对紧急撤离路径和应急响应程序有清晰的认识。在复杂工程的安全技术交底中，通常还包括对新技术、新材料的使用指导，以及对环境因素如天气变化、地质条件等可能带来的影响的评估和应对策略。

（二）安全技术交底的基本要求

1.逐级安全技术交底制度

这一制度要求从项目负责人到普通工人，每个层级的人员都必须接受安全技术交底。这种层级化的方法有助于确保信息的准确传达和理解。逐级交底的效果在于它能够让每个工作人员都清楚地了解到自己的职责、面临的风险以及应对措施。

2.交底内容的具体性和明确性

安全技术交底的内容需要针对具体的工作环境和具体的作业任务。它应详细描述潜在的风险因素、预防措施和紧急应对程序。这样的具体性和明确性有助于作业人员更好地理解和记忆安全信息。

3.关注分部分项工程的潜在危险

在施工过程中，不同的分部分项工程可能存在不同的安全风险。因此，安全技术交底需要根据不同阶段和不同任务的特点，分别强调那些可能影响作业人员安全的特定问题和潜在风险。

4.采用新的安全技术措施

随着技术的发展，新的安全技术和措施不断涌现。在安全技术交底中，优先考虑这些新措施，可以有效提升施工安全水平。这需要管理人员持续关注行业发展，及时引进和应用最新的安全技术。

5.向班组长和作业人员详细交代工程概况：班组长和作业人员是施工现场安全的第一责任人。因此，他们需要了解整个工程的概况、施工方法、程序以及安全技术措施。这些信息的详细交代有助于他们做出合理的安排和决策，以确保工作的安全和效率。

6.定期向交叉作业队伍进行书面交底

在多队伍和工种的交叉作业场景中，信息的准确交流尤为重要。书面交底可以作为一种有效的沟通方式，确保所有相关人员都能获得一致的安全信息。

7.保留书面安全技术交底的签字记录

签字记录是确认信息传达和理解的重要手段。保留这些记录不仅可以作为安全管理的证据，还可以用于今后的审计和回顾。

（三）安全技术交底的主要内容

1.施工特点和危险点

每个工程项目都有其独特的施工特点，这些特点决定了项目的潜在危险点。在安全技术交底中，首先要对这些特点和危险点进行详细的介绍。例如，在高空作业中，坠落是一个主要危险点；在地下工程中，塌方和水害可能是主要的风险因素。了解这些特点和危险点对于预防事故至关重要。

2.针对危险点的预防措施

明确各个危险点后，需要制定相应的预防措施。这些措施包括但不限于安全防护装备的使用、操作技术的规范、现场环境的安全维护等。例如，对于高空作业，需要使用安全带、安全网等个人防护装备；对于电气作业，需要严格执行断电操作和带电作业的安全规程。

3.需关注的安全事项

在施工过程中，还有许多需要特别关注的安全事项。这些可能包括现场的通行安全、材料堆放的稳定性、临时设施的安全使用等。这些事项往往是事故发生的间接原因，因此在安全技术交底中对它们进行强调是非常必要的。

4.相关的安全操作规程和标准

每个施工环节都应有相应的操作规程和标准，这些规程和标准是保证作业安全的基础。在安全技术交底中，需要向作业人员详细解释这些规程和标准的内容、意义及其执行的重要性。这不仅包括国家和行业的安全标准，还包括企业自身的安全管理规定。

5.事故应急措施

尽管我们努力预防任何安全事故的发生，但仍需准备应对突发事件。安全技术交底中应包括事故应急措施，如紧急撤离路线、急救方法、事故报告程序等。了解这些应急措施能够在发生事故时，减少伤害和损失。

第三节　安全教育与检查

一、安全教育

（一）安全教育的内容

1.安全生产思想教育

（1）安全生产思想教育。

①提高各层领导及员工对安全生产的认识，确保他们从思想深处理解其重要性，从而培养保护生命、重视人员安全的责任心，并深植群众意识。

②通过对安全生产的方针与政策进行教育，增强领导和员工对政策的理解，确保他们全面准确地掌握国家关于安全生产的方针政策，并严格遵循相关的法律法规及规章制度。

（2）劳动纪律的教育。

①让员工充分认识到严格遵守劳动纪律在实现安全生产中的关键作用。劳动纪律是共同工作时必须遵循的规则和秩序。

②坚决反对违规指挥和违规操作，严格执行安全操作规程。遵守劳动纪律不仅是实践“安全第一，预防为主”方针的关键，而且是减少事故、确保安全生产的重要保障。

2.安全知识教育

对于企业员工而言，掌握安全基础知识是必要的。因此，全员需要参加安全知识培训，每年依照规定的学时进行。这些教育内容包括企业的生产经营概述、施工流程、主要施工方法等，同时涵盖施工危险区的安全防护知识和须知。此外，企业员工还需要学习机械设备运输、电气设备（动力照明）、高空作业、有害物质处理等安全防护知识，以及消防器材与个人防护装备的使用方法等。

3.安全技能教育

安全技能教育旨在培养员工根据其工种特点所需的安全操作和防护技能。每位员工都应熟知其工种或岗位相关的专业安全技能。这些技能包括深入的安全技术、劳动卫生知识和安全操作规程。按国家规定，从事高空作业、起重、焊接、电工、爆破、压力容器、锅炉等特种作业的建筑业员工，必须接受专业的安全技能培训，并通过考试、持证上岗。

4.安全法治教育

安全法治教育的目标是通过多种有效方式，教育员工关于安全生产的法律法规、行政法规及规章制度，以提高员工的法律意识和遵法自觉性，从而实现安全生产的目标。通过这种教育，员工将更加了解并遵循相关的安全生产法律规范。

（二）施工现场常用的安全教育形式

1.新工人三级安全教育

三级安全教育，作为企业生产安全的重要教育制度，对新入职员工（含合同工、临时工、学徒、劳务工及实习生等）实行至关重要。三级安全教育一般由安全、教育和劳资等部门配合组织进行。通常由安全、教育和劳资部门共同组织实施。仅有经过教育考试并合格的员工方可进入生产岗位，未达标者需要接受补课及补考。此外，为了深化员工对安全知识的认识，企业对新员工的三级安全教育还应建立详细档案，并在一定工作期后进行复训。

（1）公司层面的安全教育。公司层面的安全教育侧重于安全基础知识、法律法规的普及，具体内容包括：

①国家安全生产方针政策。

②安全生产的相关法规、标准和法治理念。

③本企业的安全生产规章制度和纪律。

④历史上发生的重大事故及其教训。

⑤事故发生后的紧急救援、排险、现场保护和及时报告措施。

（2）项目部层面的安全教育。项目部层面的安全教育侧重于现场的规章制度和纪律教育，具体内容包括：

①工程处、项目部或车间的安全生产基础知识。

②安全生产制度、规定及注意事项。

③特定工种的安全技术操作规程。

④机械、电气及高空作业的安全常识。

⑤防毒、防尘、防火、防爆知识以及应急处置和安全疏散技能。

⑥防护用品的发放标准及使用要求。

（3）班组层面的安全教育。班组层面的安全教育由班组长或指定的安全员、技术熟练且重视安全的经验丰富的工人负责，重点是本工种的安全操作和班组安全制度，具体内容包括：

①班组作业特点和安全操作规程。

②班组安全生产的活动制度和纪律。

③正确使用安全防护装置和个人防护用品的方法。

④岗位可能的安全隐患及预防措施。

⑤作业环境及使用的机械设备、工具的安全要求。

2.特种作业人员的培训

（1）所谓特种作业，指那些可能导致人员伤亡，对操作人员自身、他人以及周边设施构成重大危险的作业类型。直接从事这些作业的工作人员，被称作特种作业人员。

（2）特种作业的类型多样，包括电工作业、金属焊接和切割作业、起重机械（包括电梯）操作、施工现场机动车辆驾驶、高空作业、锅炉操作、压力容器操作、制冷作业、爆破作业、危险物品处理等，以及应急管理部批准的其他相关作业。这些作业领域涉及的岗位包括电工、焊工、架子工、司炉工、爆破工、机械操作工、起重工、塔吊司机及指挥人员、人货两用电梯司机、信号指挥人员、厂内车辆驾驶员、起重机拆装工作人员、物料提升机操作人员等。

（3）从事特种作业的员工必须接受专业的安全技术培训。这些员工只有在完成规定的培训、通过相关考试，并获得操作资格证书或驾驶执照后，方可独立进行相关作业。

3.经常性教育

（1）当企业引入新的技术、工艺、设备和材料，或者进行岗位调整时，应针对操作人员进行针对性的安全教育。这种教育不仅应涵盖新的操作方法，还应包括新岗位的安全要求。只有经过此类教育，员工方可上岗操作，以确保既能够提高工作效率，又能够确保人员的安全。

（2）建议在每周至少有一次的班组安全活动中，采用短会、小组讨论、安全知识竞赛等形式，以期加强员工的安全意识和应急处理能力，进而提高整个团队的安全水平。这些活动可在班前或班后举行。

（3）适时安全教育的重要性不容忽视。结合建筑施工的实际情况，要特别注意“五抓紧”安全教育：在紧急工期、工程收尾阶段、施工条件良好时，以及季节气候变化和节假日前后，员工可能因各种原因忽视安全，这时候的安全教育尤为关键。目的是时刻提醒员工，增强安全防范意识，防止潜在的安全隐患。

（4）纠正违章行为的教育同样至关重要。对于因违反安全规章制度而导致的重大安全隐患或事故未遂的情况，企业应进行严肃的违章纠正教育。教育内容应涵盖违反的具体规章条文和可能造成的危害，确保受教育者深刻认识到自己的过失，并从中吸取教训。对于严重的违章事件，除了对责任人进行教育外，还应通过案例分析等方式，向更广泛的员工群体传达教育内容，以达到警示的效果。

二、安全检查

（一）安全检查的形式

1.主管部门安全检查

主管部门主要包括中央、省、市级的建筑行政部门，其职责为对下级单位进行定向的安全检查。因其深入了解本行业的特性、普遍性以及主要问题，故此类安全检查具备针对性、调查性和批评性的特点。

2.定期安全检查

每个企业内部均需建立定期和分级的安全检查制度，考虑到企业规模、组织结构等因素，具体要求并非一成不变。通常，中型及以上规模的企业（或公司）每季度需实施一次安全检查，而工程部门（如项目部、附属厂等）则需要每月或每周执行一次安全检查。这种制度化的定期检查由单位高层或总工程师（技术领导）带领，工会、安全、动力设备、保卫等部门的代表也要参与。这种检查活动具有全面性和考核性。

3.专业性安全检查

专业性安全检查由企业相关业务部门组织相关人员，对某一专业领域（如垂直提升机、脚手架、电气、塔吊、压力容器、防尘防毒等）的安全问题或施工

（生产）过程中普遍存在的安全问题进行逐项检查。这类型的检查专业性较强，可结合评比进行，主要由具有专业技术能力的人员、熟悉行业安全技术的员工，以及掌握实际操作、维修技能的工作人员组成。

4.经常性的安全检查

施工或生产过程中的经常性安全检查至关重要，其目的在于及时识别并消除潜在隐患，确保施工或生产活动能够顺畅进行。

5.季节性及节假日前后安全检查

季节性安全检查主要是针对不同季节（如冬季、夏季、雨季、风季等）可能导致的特定风险进行的。节假日安全检查则在节假日前后实施，尤其在重要节日如元旦、劳动节、国庆节等时期，以防员工出现纪律松懈或思想麻痹的情况。这类检查通常由单位的领导带领相关部门人员进行。对于节日期间加班的人员，更需要加强安全教育，并严格检查安全防范措施的执行情况。

6.施工现场的自检、互检和交接检查

（1）自检：班组在作业开始前后应对自身工作环境和流程进行安全检查，以便及时排除安全隐患。

（2）互检：班组间进行的安全检查，通过相互监督，共同维护规章制度。

（3）交接检查：一道工序完成后，在移交给下一道工序之前，应由工地负责人带领班组长、安全员及其他相关人员进行安全检查或验收，确认无误或达到合格标准后，才可进行工序移交。例如，脚手架、井字架、龙门架、塔吊等，在搭建完成后使用前，均需进行此类交接检查。

（二）安全检查的主要内容

1.查思想

查思想主要检查企业的领导和职工对安全生产工作的认识，主要包括对安全重要性的认识、对安全规定的遵守情况，以及在日常工作中对安全问题的关注程度。

2.查管理

查管理主要检查工程的安全生产管理是否有效，主要内容包括：

（1）安全生产责任制：检查是否建立了明确的安全责任体系，各级责任是否清晰。

（2）安全技术措施：评估安全技术措施计划的制订和执行情况。

（3）安全组织结构：考察安全组织机构的设置是否科学合理，功能是否完善。

（4）安全保障措施：核查安全保障措施的实施效果。

（5）安全技术交底：安全技术交底是指在安全控制措施实施过程中，对相关人员进行的信息传递和知识传授，以确保安全技术信息得到有效传递和理解，从而提高组织的安全性水平。

（6）安全教育：检查安全教育的普及程度及效果。

（7）持证上岗：核实员工是否持证上岗，以及证件的有效性。

（8）安全设施：评估安全设施的配备和维护情况。

（9）安全标识：检查安全标识的设置是否到位且清晰可见。

（10）操作规程：审查操作规程的合理性及员工的遵守情况。

（11）违规行为：调查违规行为的发生情况及处理。

（12）安全记录：检查安全记录的完整性和准确性。

3.查隐患

安全检查还要重点对作业现场进行细致的隐患排查，确保现场符合安全生产和文明生产的要求。包括对现场的各项安全措施、设备维护、操作流程等进行全面的检查。

4.查事故处理

事故处理的检查重点在于评估安全事故处理的及时性和有效性，具体包括：

（1）事故原因的查明、责任的明确，以及对责任者的相应处理。

（2）整改措施的制定和实施，以防类似事故再次发生。

（3）伤亡事故的及时报告，认真调查和严肃处理。

第四节　安全事故管理

一、伤亡事故的定义与分类

（一）伤亡事故的定义

在人们从事目标明确的活动时，偶然发生的、违反意愿的不幸事件，导致这些活动被迫中断或终止，这类事件被称为事故。伤亡事故是指员工在工作过程中遭受人身伤害或急性中毒的情况。

（二）伤亡事故分类

1.按事故产生的原因分类

（1）物体撞击：指在外力作用下移动的物体撞击人体所引发的伤害，如脱落的设备零件、高速喷射的流体等，但不涵盖由机械、车辆、起重设备等引起的撞击。

（2）车辆伤害：指机动车在行驶时引起的撞击、坠落、物体翻倒等伤害，不包括起重设备操作中的事故风险。

（3）机械伤害：指由机械设备的活动或静止部分引发的碰撞、剪切等伤害，不包括车辆和起重机械造成的伤害。

（4）起重伤害：指起重作业中的挤压、坠落、物体撞击和电击事故。

（5）触电：包含直接接触带电体的电击和电伤以及雷电引发的设备损坏或人员伤亡，可能导致的二次事故。

（6）淹溺：指落水引发的伤害，包括高处坠落导致的淹溺，但不包括矿井等场合的淹溺事故。

（7）灼烫伤：指火焰、高温物体、化学和物理因素引发的灼烫，不包括电灼伤和火灾烧伤。

（8）火灾伤害：指由火灾引发的烧伤、窒息、中毒等伤害，包括由电气故障或雷电引起的火灾。

（9）高处坠落：指在高处作业时发生的坠落伤害，不包括电击或车辆、起重机引发的坠落。

（10）坍塌：指由于外力作用或结构问题导致的坍塌，如脚手架崩塌，但不包括车辆或起重机械引发的坍塌。

（11）冒顶偏帮：指矿井等场合由于支撑不足引发的顶板坍塌或壁体塌陷事故。

（12）透水：指未采取有效防水措施而导致的井下涌水事故。

（13）放炮：指爆破作业中的各类危险。

（14）火药爆炸：指火药、炸药在生产、运输过程中的爆炸风险。

（15）瓦斯爆炸：指井下瓦斯积聚到爆炸阈值时的危险。

（16）锅炉爆炸：指锅炉等设备内压力猛增，引发冲击波和飞散物（残片）对人体构成的危害。

（17）容器爆炸：指压力容器、乙炔气瓶、氧气瓶等设备压力骤然释放，冲击波及飞散物（残片）对人体所带来的威胁。

（18）其他爆炸：指可燃气体、粉尘等与空气形成的爆炸性混合物，触及点燃能源（包括电气火花）时引发的爆炸危险。

（19）中毒窒息：指因化学品、有毒气体造成的急性中毒，或由于缺氧和中毒性窒息而引起的危害。

（20）其他伤害：包括非上述列举的潜在危险因素，如体力运输过程中的碰伤、扭伤、非机动车的碾压伤害、滑倒或摔倒引发的伤害、非高处工作的跌落伤害、生物侵害等风险。

2.按事故后果严重分类

（1）轻伤事故：这类伤害通常会导致劳动者肢体或某些器官轻度损伤，并导致暂时或轻度的劳动能力丧失，一般需要休息1～105个工作日。

（2）重伤事故：指导致劳动者肢体严重受损，或使视力、听力等重要器官受损，引致长期功能障碍或大幅度劳动能力损失的伤害，或使每名受伤者休息时间超过105个工作日的事件。

（3）死亡事故：指一个事件导致一至两人死亡的事故。

（4）重大伤亡事故：指一次性事故引致三人或以上（包括三人）的死亡事件。

（5）特大伤亡事故：指一起事故中，有十人或更多人员死亡的情况。

（6）急性中毒事故：指毒物在短时间内通过人体的呼吸道、皮肤或消化道大量进入体内，导致快速发病，使劳动者须中断工作并寻求紧急救治，或直接导致死亡的情形。

二、事故的调查处理

（一）伤亡事故报告

1.事故报告的时限

当发生伤亡事故时，受伤者或首位现场目击者必须立刻向上级报告。若企业管理层获悉有关重伤、死亡或重大死亡事故的信息，应立即执行规定程序，向工程所在地的建筑管理机关和国家安全生产监管机构报告。收到此类报告的相关部门需要迅速上报至各自的上级主管机构。一般伤亡事故应在24小时内上报，而重大及特大伤亡事故应在2小时内上报。

2.事故报告的程序

事故报告程序：施工现场一旦发生伤亡事故，受伤者或相关人员应立即直接报告或逐级上报。

（1）轻伤事故：立即告知项目经理，由项目经理向企业主管部门和负责人汇报。

（2）若发生重伤、急性中毒或导致人员死亡的事故，务必立即通知项目经理、企业主管部门和负责人。此外，企业负责人应以最迅速的方式报告以上事项至企业上级管理部门、政府安全监督部门、行业主管部门以及所在地的公安部门。

（3）重大事故：由企业上级主管部门逐级报告。跨单位的伤亡事故，应由受害人员所在单位报告，相关单位也须向各自的主管部门报告。事故报告需要迅速进行，报告时间不得超过地方政府规定的时限。

3.事故伤亡报告内容

（1）事故发生（或发现）的时间和详细位置。

（2）事故所涉项目名称及所属单位。

（3）事故种类及严重程度。

（4）伤亡人数及受害者基本信息。

（5）事故简要经过及紧急救援措施。

（6）报告人的信息及联系电话。

（二）保护事故现场、组织调查组

1.事故现场的保护

在伤亡事故发生之后，现场人员需组织有序、听从指挥，迅速采取以下措施：

（1）抢救伤员与防止事故扩散：在抢救伤员的过程中，应用正确的救助方法至关重要，以避免造成二次伤害。同时，我们需确保救助工作的科学性与高效性，这有助于防止抢救活动妨碍事故处理或者导致事故进一步扩散。

（2）保护事故现场：应尽可能保持现场物品的位置、颜色、形状以及其物理和化学特性，与事故发生时的状态一致。在进行伤员抢救或防止事故进一步扩大的过程中，如确需移动现场物品，现场负责人应承担记录现场状况的责任，包括做出标记、记录数据，以及绘制现场示意图。同时，严禁任何单位或个人以救援名义故意破坏或伪造事故现场，并应采取所有可能的措施，防止事故现场受到人为或自然因素的破坏。

（3）停工检查：若事故现场的生产作业区域仍存有安全隐患，应立即停工并进行全面检查与整改。

2.组织事故调查组

在接到事故报告后，企业主管领导应迅速前往现场组织救援，并迅速组建事故调查组：

（1）轻伤事故：由项目经理领导，结合生产、技术、安全、人事、保卫、工会等相关部门人员组成调查组。

（2）重伤事故：由企业负责人或指派人员领导，结合生产、技术、安全、人事、保卫、工会、监察等部门人员，并与上级主管部门负责人合作，组成调查组。

（3）死亡事故：由企业负责人或指派人员领导，结合生产、技术、安全、人事、保卫、工会、监察等部门人员，并与上级主管部门负责人、政府安全监察部门、行业主管部门、公安部门、工会组织合作，组成调查组。

（4）重大死亡事故：由省、自治区、直辖市企业主管部门或国务院相关主管部门，联同同级行政安全管理部门、公安部门、监察部门、工会组织调查。重大死亡事故调查组应邀请人民检察院参与，可邀请相关专业技术人员参加。

3.事故调查组成员条件

（1）必须独立于事故事件，不存在直接的利害关系。

（2）应具备事故调查所需的特定业务特长。

（3）能够满足涉及企业管理领域的事故调查需求。

（三）事故现场勘察

事故现场勘察工作具有很强的技术性，需要一定的科学知识和实际操作经验。调查组对事故现场的勘查必须做到及时、全面、准确、公正。事故现场勘察主要包括以下内容：

1.现场笔录

（1）记录事故发生的时间、地点、天气等信息。

（2）记录勘察人员的姓名、单位和职位。

（3）标明勘查的开始和结束时间，以及勘查过程。

（4）描述能量散发引发的破坏情况、状态和程度。

（5）记录设备损坏或异常状况及事故前后的位置。

（6）记录事故前的工作组合、现场人员位置和行动。

（7）描述现场物品的散落情况。

（8）详细记录重要物证的特征、位置和检验情况。

2.现场拍照或摄像

（1）拍摄事故现场的方位，展示其在周边环境中的位置。

（2）全景拍摄，显示事故现场各部分的相互联系。

（3）中心区域拍摄，展示事故核心区域的状况。

（4）细节拍摄，记录事故直接原因的关键痕迹或物品。

（5）对受害者进行拍摄，展示主要伤害部位。

3.绘制事故图

根据事故类型和规模，以及调查需求，应绘制以下示意图：

（1）事故发生时人员位置和活动图。

（2）破坏物的立体图或展开图。

（3）受影响范围图。

（4）设备或工具的简化构造图等。

4.事故资料

（1）收集事故单位的营业执照及复印件。

（2）收集相关的经营承包合同。

（3）安全生产管理制度文件。

（4）技术标准、安全操作规程、安全技术说明。

（5）安全培训材料及教育记录。

（6）项目的安全施工资质和证件。

（7）伤亡人员的相关证件（包括特种作业证、就业证、身份证）。

（8）劳务用工的注册手续。

（9）事故初步调查情况（包括伤亡人员的情况、事故的初步原因分析等）。

（10）事故现场示意图。

（四）分析事故原因

1.事故性质

（1）责任型事故：这类事故由人的失误造成。

（2）非责任型事故：这类事故通常由无法预见的自然条件或不可抗力导致，或在技术探索、发明创新、科学实验中，因科技条件限制而发生意外。但对于那些可以预防的伤亡事故，或因技术问题未经充分研究就导致的事故，不应归入此类。

（3）破坏性事故：这类事故是蓄意制造，以达到某种特定目的。对于这类事故，公安机关应进行深入调查，依法处理。

2.事故原因

（1）直接原因：包括机械、物质、环境的不安全状态，以及人的不安全行为。

（2）间接原因：包括技术和设计缺陷、教育培训不足、安全操作技术知识缺乏、劳动组织不合理、现场工作监督不力或指导错误、安全操作规程缺失或不完善、事故预防措施未得到有效实施、对隐患整改不力等。

（3）主要原因：事故发生的关键因素。

3.事故分析的步骤

（1）收集并审阅调查资料。

（2）根据《企业职工伤亡事故分类标准》进行分析，包括受伤部位、性质、起因物、致害物、伤害方式、不安全状态、不安全行为等。

（3）确定事故的直接原因。

（4）确定事故的间接原因。

（5）确定事故责任人。在分析过程中，应从直接原因入手，逐步深入间接原因，全面掌握事故原因。通过分析直接和间接原因，确定直接责任人和领导责任人，并根据他们在事故中的作用，确定主要责任人。

（五）事故处理结案

1.事故责任分析

在彻底调查伤亡事故的原因后，对事故责任进行分析至关重要，旨在让责任人员、管理层及广泛的员工群体吸取教训、接受教育，从而优化工作流程。通过事故调查获取的确凿事实，根据事故的直接与间接原因，结合涉事人员的职责、分工、工作表现及在事故中的角色，明确他们应承担的责任。对于组织管理人员和生产技术方面导致的不安全状态，追究其根源责任；针对明显违反技术规定的行为，追究相应责任；不追究属于未知领域的责任。综合考虑事故性质、后果、严重性、态度等因素，提出针对责任人的处理建议。

责任确认的原则如下：由于设计失误或缺陷导致的事故，由设计人员承担责任；在施工、制造、安装、检修或检验过程中出现错误或缺陷所导致的事故，需要由相关责任人负责；因缺乏安全规章制度导致的事故，由生产组织者承担责任；事故发生后未能及时采取有效措施，导致类似事故再次发生的，由相关领导负责。

根据责任的程度，事故责任人分为直接责任者、主要责任者、重要责任者和领导责任者。针对责任人的处理应当既注重教育，又要根据责任的大小和严重性，遵循相关规定，采取经济处罚、行政处分或者刑事追究等方式进行。事故责任处理意见确定后，企业相关部门应按照人事管理权限，迅速完成报批流程。

2.事故报告书

在事故调查小组彻底澄清事实并分析原因后，并举行事故分析会议。还将提出处理涉事责任人员的建议，并完成“企业职工因工伤亡事故调查报告书”的填写，由调查小组成员共同签署后提交审批。若小组内部意见出现分歧，应当在明确事实的基础上，参照法律法规进行深入研究，达成共识。对于仍有异议的个别成员，可以保留其意见，并在签字时注明。

在提交“企业职工因工伤亡事故调查报告书”审批时，应附上以下资料：

（1）企业营业执照的复印件。

（2）事故现场的示意图。

（3）展示事故情况的相关照片。

（4）事故伤亡人员的医疗诊断书副本。

（5）政府主管部门针对此次事故调查处理要求提供的其他相关文件。

3.事故结案

（1）事故调查及其处理的结论须获得相关部门的批准，方能宣布结案。处理伤亡事故通常应在90天内完成，但在特殊情况下，可延长至不超过180天。

（2）事故案件审批的权限应与企业的隶属关系及人事管理权限保持一致。

（3）对于事故责任方的处罚，应根据其在事故中的责任大小、事故造成的损失程度等因素，无论是主要责任、次要责任、重要责任，还是一般责任和领导责任，均应按照相关法规实施相应的行政处罚。

（4）企业应该按照政府机构的结案批复要求，建立事故档案，并配合政府主管部门对事故进行行政处罚。事故档案登记的内容应包括：一是员工重伤或死亡事故的调查报告，包括现场勘查的资料（记录、图纸、照片等）；二是技术鉴定和试验的报告；三是物证及人证的调查材料；四是医疗部门对伤亡者的诊断结果及其影印件；五是事故调查组成员的姓名和职务，以及他们的签字；六是企业或其主管部门编写的事故结案报告；七是被处理人员的检查材料；八是有关部门对事故结案的批复文件等。

三、急救常识

“紧急救护”指的是在人体遭遇突发伤害或急性疾病时进行的救援与保护措施。紧急救护对于短时间内使伤者脱离危险、避免残疾或不必要的生命损失发挥着至关重要的作用。

在日常生活中，人们可能因各种意外事故遭受不同程度的伤害。在缺乏医疗专业人员的情况下进行紧急救护，可以在轻伤的情况下减轻痛苦、防止伤势恶化，有助于伤者的及时康复；在重伤的情况下，则可以争取治疗的宝贵时间，挽救生命。常见的现场紧急救护主要有四种情况：外伤止血、包扎、骨折固定和搬运以及呼吸心搏骤停的急救（心肺复苏）。

（一）外伤止血

当人体发生外伤出血时，若不能立即止血，短时间内的大量失血可能导致失血性休克乃至死亡。

1.外伤出血的识别

（1）内部出血。

①从咳血、呕血、便血或尿血等症状判断，可能为胃肠、肺、肾或膀胱出血。

②常见的内部重要器官出血征兆包括面色苍白、出冷汗、四肢发冷、脉搏快而弱，以及胸腹部的肿胀疼痛，这可能意味着肝、脾、胃等器官出血。

（2）外部出血。

①动脉出血表现为鲜红色血液的喷射状流出，失血量大、危害性高，需立即止血。

②静脉出血时，血液为暗红色，非喷射状流出，如不及时止血，可能危及生命。

③毛细血管出血则表现为血液从伤口渗出，颜色由鲜红逐渐转为暗红。

2.止血方法

（1）指压止血法。指压止血法是通过用手指压迫出血点的上方血管（心脏近端），对骨骼施加压力以止血。此法适用于头部、颈部和四肢的动脉出血。

（2）屈肢加垫止血法。当手臂或腿部发生出血时，可以在受伤关节处放置纱布、棉球或卷起的毛巾、衣物等以作为垫物。然后将关节弯曲，使用三角巾制成八字形固定。但需注意，如遇骨折或关节脱位情况时，此法不宜采用。

（3）橡胶止血带止血法。通常所用的止血带是长度约1米的橡胶管。使用时，手掌向上，止血带一端从虎口处持握，留出约一寸长。随后，用力拉紧止血带，绕过受伤肢体两周。使用中指和食指夹住止血带的末端，并沿肢体方向用力拉紧，确保止血带的末端被压住，避免其滑脱。

（4）扭紧止血法。将三角巾折叠成带状，中间打上一个蝴蝶结，然后取一根小棒置于带状三角巾中并扭紧。扭紧后的小棒需插入三角巾两端形成的小环中以固定。此方法通过绞紧小棒来施加压力，从而达到止血的效果。

（二）包扎

在人体遭受外伤之后，适当的包扎对于保护伤口、减少感染风险、止血、稳定骨折以及减轻疼痛非常关键。包扎时应注意以下几点：一是动作要迅速果断，避免犹豫；二是确保敷料正确放置，避免移动；三是操作轻柔，以保护伤口；四是确保包扎牢固，严密封闭伤口。

常见的包扎材料包括三角巾和绷带，如缺少这些专用物品，可利用毛巾、衣物、腰带等临时替代品。包扎时应注意边缘固定，角部拉紧，中心部分伸展，确保包扎紧密且均匀，打结时务必牢固，以防滑脱。

（三）骨折固定和搬运

骨折是指骨头因外力撞击而产生的完全或部分断裂。有效的骨折固定有助于缓解痛感、减轻伤者的不适、防止伤情恶化、预防休克、保护伤口、防止感染，并便于伤者转移。

1.骨折的判断

骨折可分为闭合性和开放性两种。闭合性骨折中，骨折端不突出皮肤；而开放性骨折则骨折端穿破皮肤。

2.骨折固定的材料

常用的固定材料包括木质、铁质、塑料制成的夹板。在紧急情况下，也可以使用木板、树枝、竹竿等作为临时夹板。如果没有合适的夹板，也可将患肢固定在伤者的躯干或健康肢体上。

3.骨折固定的方法要领

固定骨折时应先止血，然后包扎，最后固定。夹板的长度应与患肢相称，骨折凸起处需加垫物。固定时先扎紧骨折的上下两端，然后稳固两个关节；暴露患肢的指（趾）部分；胸前应悬挂标志；尽快转运至医院。

4.常见骨折固定的方法

（1）前臂骨折固定法。将夹板置于前臂外侧，骨折凸起部位加垫，固定腕部和肘部关节。利用三角巾将前臂固定于胸前。如无夹板，可使用三角巾直接固定。

（2）上臂骨折固定法。首先，需将夹板安置在上臂骨折的外侧位置，骨折凸出的部分应垫上软物。接着，稳固肘关节和肩关节。利用三角巾将上臂吊挂在胸前，并用另一块三角巾将受伤的上臂紧固在胸腔上。如果没有夹板，可以仅使用三角巾：先将受伤的上臂固定在胸腔，随后用三角巾将其悬挂在胸前。

（3）锁骨骨折固定法。使用丁字夹板：首先，把丁字夹板放置在背后的锁骨上方，骨折部位要垫上棉质垫子，然后用三角巾环绕肩部两次，并在夹板上打结。夹板的端部也需要用三角巾固定稳妥。使用三角巾固定法：胸部挺起，肩膀向后拉，腋下各放置一块棉垫。接着用两条三角巾分别环绕肩部两周并打结，将三角巾的结合并在一起。前臂弯曲，并用三角巾紧固在胸前。

（4）小腿骨折固定法。首先，把夹板放置在小腿骨折的外侧，骨折凸起处应加垫软物。然后固定伤口的上下两端，稳固膝关节和踝关节（使用“八”字形方法固定踝关节）。夹板的顶端也需要固定。

（5）大腿骨折固定法。首先，需将夹板放置在大腿骨折的外侧，骨折突出部分加垫软物。随后，固定伤口的上下两端，并稳固踝关节和膝关节。最后，还需要固定腰部、骨盆和腋下。

5.骨折伤员的搬运

在发现骨折患者时，切勿随意移动，以免因不当的扶持、拖拉或搬运而加重伤情或损伤神经。应当尽力保护受伤部位。若必须搬运，应使用木板等硬质器械进行抬运，确保患者平躺且稳定，以减少颠簸对伤者造成的不适。

（四）呼吸心搏骤停的紧急救护

在特定情形下，由于多种原因，患者可能会突然失去呼吸功能，表现为抽搐或昏迷；此时观察患者，发现颈动脉及股动脉均无搏动，胸廓停止运动；瞳孔放大，对光线反应消失。这些症状被医学界认定为生命危在旦夕的三大迹象。

在实施复苏措施前，必须对患者的当前状态及昏迷原因做出准确的评估。心肺复苏的操作存在一定的侵入性，若盲目施行可能会对患者造成额外的伤害。同时，救援人员在介入前，需要详尽了解导致昏迷的原因，排除任何可能威胁救援者安全的因素。例如，在电击事故发生时，首要任务是切断电源。如果患者因外伤昏迷，不宜随意移动，以免加剧颈部损伤，可能导致严重并发症。

1.呼吸骤停的急救

（1）快速解开患者衣物，清理口腔内的异物。

（2）患者应躺平，头部尽量向后仰。

（3）立即实施口对口人工呼吸。护理人员应一手托起患者的下颌，使头部后仰，避免舌头下坠导致的呼吸道阻塞。同时，用另一手紧闭患者鼻孔，避免气体从鼻子逃逸。护理人员深吸一口气，对准患者嘴部用力吹入，直至胸部轻微膨胀。吹气后，应轻轻转头，放松捏住鼻孔的手，允许患者自主呼吸。成人每分钟应吹气12～16次，每次吹气时长约占呼吸周期的1/3。若吹气无效，须检查呼吸道是否畅通，吹气方法是否恰当。若患者牙关紧闭，可改用口对鼻人工呼吸，其操作方法与口对口人工呼吸类似。

2.心搏骤停的急救

对于心脏停搏1分钟左右的患者，应对胸骨中段进行一次拳击，随后立即开始连续的胸外心脏按压。

胸外心脏按压的操作步骤包括：

（1）患者应平躺在硬质表面，若床太软则需垫木板。

（2）在紧急救护中，心脏按压是至关重要的环节。执行时，护理人员应将一手掌底紧贴患者胸骨的下2/3部分，另一手重叠于上，双臂保持伸直。依靠自身体重，向患者脊柱方向施加垂直、有节奏的压力。注意，挤压时应适度用力，同时略带冲击感，确保胸骨下沉4厘米后迅速松开，以利于心脏的自然舒张。成人的按压频率维持在每分钟60～80次，直到恢复心跳。关键在于，手掌根部需准确加压于胸骨下半段，直接对准脊柱施力。切记，避免将手掌平放在心脏区域。按压与松开的时间应尽量均等。同时，高效的人工呼吸配合也是不可或缺的部分。

四、事故应急救援

（一）事故应急救援的定义

事故应急救援，指在突发事故发生时，所采取的措施，以消除或减轻事故造成的危害，防止事态恶化，力求最大限度地减少损失。所谓事故应急救援预案，即根据潜在危险源及可能事故的种类和危害程度预设的一套行动计划，以确保一旦事故发生时，救援行动能够迅速、有效、有序地展开。这些预案是事故救援系统的核心。

（二）事故应急救援的特点

1.突发性

公共安全事故、灾害或事件普遍具有不可预见的突发性。它们通常在没有明显前兆的情况下快速发生，并可能迅速失控。

2.复杂性

应急救援活动涉及多种因素和变数，包括事故本身的不确定性、多变性，以及不同部门协作过程中的信息沟通、行动协调、职责分配等方面的复杂性。此外，公众的反应、恐慌情绪和其他突发行为也增加了应急联动的复杂性。

3.后果的不稳定性

即使发生的是低概率的公共安全事件，但如果其发生，通常会带来严重后果，并且容易引发更广泛的公众影响。处理不当，事故本质可能恶化，状态从平稳转向混乱，影响范围扩大，涉及人数增多，造成更严重的人员伤亡和财产损失。这种突变和放大的趋势，不仅要求应急响应升级，而且可能触发社会性危机，令公众陷入恐慌。

（三）事故应急管理的过程

在应对事故的全过程中，紧急救护管理展现了其重要性，它不局限于事故发生之后的救援行动。该管理体系穿插于事故的前、中、后阶段，体现了“预防至上，警钟长鸣”的理念。

紧急救护管理遵循一个动态流程，涵盖预防、准备、响应和恢复四个阶段。尽管在实践中这些阶段经常重叠，但每一阶段都设定了明确的目标，并在前一阶段的基础上进一步发展。因此，预防、准备、响应和恢复相互衔接，形成了一个循环过程。

1.预防

在管理中，预防包含两个方面：一方面，通过安全管理和技术手段，防止事故的发生，确保根本的安全；另一方面，当无法避免事故发生时，应通过事先采取预防措施来减轻其影响，例如，城市工程安全规划、减少危险品存储、设置防护设施和公众教育等。长期而言，低成本、高效率的预防措施是减少事故损失的关键。

2.准备

紧急准备是整个管理过程中的关键环节。它是对可能发生的事故的预先准备，目的是迅速而有效地实施应急行动，包括建立应急体系、明确相关部门和人员职责、制定预案、建设应急队伍、准备和维护应急设备与物资、演练预案以及与外部力量的协调，以保持应对重大事故所需的紧急救援能力。

3.响应

应急响应指的是事故发生后立即采取的救援行动，包括报警、紧急疏散、急救和医疗救治、消防和抢险措施、信息收集和紧急决策以及外部救援等。其目标是最大限度地救助受害者，保护可能受威胁的人群，并尽量控制或消除事故的影响。

4.恢复

事故后的恢复工作应立即开始。首先是将受影响区域恢复到相对安全的状态，然后逐步恢复正常。立即进行的恢复包括评估事故损失、调查原因、清理废墟等。短期恢复需注意避免新的紧急情况。长期恢复包括重建受影响区域、重新规划和发展。

（四）事故应急预案的分类

1.全局预案

此为城市层面的整体应对方案，立足于对各类重大突发公共事件潜在危害的全面分析，从宏观角度论述城市的紧急对策、政策导向、应急组织架构、部门分工、应急行为的总体预案以及所需资源配置、救援保障等。作为一项综合性、全面性的预案，它主要侧重于场外及集中指挥，专注于应急救援的组织与协调。

2.特定事项预案

该预案专门针对某一特定类别的紧急事件，如危险物质泄漏、重大传染病暴发、特定自然灾害等，提出了一套包含减灾、防灾、救灾和灾后恢复的综合专业应对方案。基于全局预案，此类预案更深入地考虑特定威胁的特性，对应急状况、组织结构和应对措施等进行了更具体的阐释，具有较强的针对性。

3.现场预案

在特定事项预案基础上，根据具体环境和需要制定的应急方案。它是针对特定场所（目标现场），通常针对那些事故风险较高的地区或重点保护区域制定的预案。

4.单一事项预案

这是为大型市政工程施工等活动定制的临时紧急救援方案。随着相关活动的结束，这些预案也随之失效。其内容主要围绕活动中可能出现的紧急情况，提前安排相关应急机构的职责、任务和预防措施。

（五）应急预案的编制流程

（1）组建跨部门预案编制小组，并指派负责人。

（2）进行风险分析和应急能力评估。识别可能发生的重大事故风险，进行影响范围及后果分析（危险识别、脆弱性分析和风险分析）；分析应急资源需求，评估现有应急能力。

（3）基于上述分析和评估结果，制定应急预案，确定最佳应对策略。

（4）进行应急预案的评审与发布。编制完成后，组织内外部评审，确保预案的科学性、合理性及实际适用性。经评审完善的预案，由主要负责人签署并公布，并按规定报送上级部门备案。

（5）实施应急预案。经批准发布本预案后，全面启动各项工作，其中包括开展宣传、教育培训、确保应急资源准备与定期检查、组织应急演练和训练、建立电子化应急预案以及对实施过程进行动态监控等。

（六）事故应急救援体系

1.事故应急救援体系的基本构成

所有潜在的重大事故均具有各自的风险因素，因此，应对不同类型事故灾害的应急救援应采取不尽相同的策略。尽管如此，基本的应急模式却具有共性。为了构建有效的应急救援体系，必须遵循顶层设计和系统论的原则，将事件置于核心位置，以功能为基础，明确规划出应急救援的需求，同时在评估应急能力和统筹应急资源的基础上，科学构建起一套规范化、标准化的应急救援体系，确保不同层级的应急救援体系能够有效统一与协调。

一个完善的应急体系应包括组织体制、运作机制、法治基础和应急保障系统四大部分。

（1）组织体制。在组织体制的建设中，管理机构承担着维护应急日常管理的责任；功能部门则涵盖与应急活动紧密相关的各类组织机构，如消防、医疗机构等；应急指挥部在应急预案启动后，负责协调场外与场内的应急救援活动；救援队伍则由专业人员与志愿者共同组成。

（2）运作机制。应急救援活动通常分为应急准备、初级反应、扩大应急及应急恢复四个阶段，与这些阶段紧密相关的是应急运作机制。此机制主要包括统一指挥、分级响应、属地管理和公众动员四个基本要素。统一指挥是指不论应急救援活动涉及何种单位，都须在应急指挥部的统一组织协调下行动。分级响应则是根据事故灾难的严重程度和影响范围来确定应急级别。属地管理和公众动员机制是确保现场应急和公众参与的重要环节。

（3）法治基础。在构建应急救援体系的过程中，法治建设扮演着基础性和保障性的角色，为所有应急活动提供了合法依据。与应急救援相关的法规主要分为四级：一是立法机构颁布的法律，如紧急状态法、公民知情权法及紧急动员法等；二是政府制定的法规，如应急救援管理条例；三是预案以及以政府令形式发布的各种政府法规和规定；四是直接与应急救援活动相关的标准或管理办法等。

（4）应急保障系统。在应急救援体系中，首先要建立完善的信息与通信系统。建立一个中央化的信息通信平台是对应急系统基础设施的首要任务。这一系统必须确保应急信息通信系统能够迅速、顺畅、准确地交换所有的预警、警报、报告、指挥等活动的信息，并且实现信息资源的共享。在物资准备方面，不仅需要确保资源量的充足，还需要保证资源的有效分配和及时调用。

2.事故应急救援体系响应机制

在应对事故时，一个有效的应急救援体系响应机制至关重要。该机制通常分为三个层级，每个层级针对不同程度的紧急情况，以确保能够快速、有效地应对各种可能发生的事故。

（1）一级紧急情况。一级紧急情况是最严重的事故情况。这类情况往往涉及广泛的地区，可能危及大量人员的生命安全，并对基础设施造成重大损害。在此级别下，需要动员所有可用的资源和部门，包括但不限于警察、消防、医疗、交通以及其他关键服务部门。一级响应通常意味着启动国家级或省级紧急事务管理中心，以便集中指挥和协调不同部门和组织的救援行动。这时，事故区域可能会被封锁，紧急疏散计划将被启动。紧急事务管理部门将负责制定整体救援策略，包括确保救援人员和设备的迅速到达、协调不同机构的救援行动，以及向公众传达准确的信息。此外，还会涉及对受灾民众的救治、安置以及长期的灾后重建工作。

（2）二级紧急情况。二级紧急情况是针对较大规模的事故情况，但不至于像一级紧急情况那样涉及整个城市或更大范围。这种级别的响应通常涉及多个部门的合作，如消防、医疗救护、警察和地方政府。在二级响应中，通常会成立一个由地方政府或专业应急管理机构领导的现场指挥部，以协调不同部门的行动。这种响应的重点在于迅速控制事故现场，防止事态进一步恶化，并尽可能减少人员伤亡和财产损失。这可能包括对特定区域的疏散、临时避难所的设立以及紧急医疗援助。同时，二级响应还涉及与公众的沟通，确保及时传递准确的信息，并指导民众如何应对和保护自身安全。

（3）三级紧急情况。三级紧急情况是相对较小规模的事故情况，通常由单一部门或机构负责处理。这类事故通常不会对公共安全构成严重威胁，也不会对广泛区域产生影响。例如，某个工厂的小规模化学泄漏，或者局部地区的交通事故就可能被归为三级紧急响应。在这种情况下，负责的部门可能是消防队、环境保护局或其他专业机构。他们将负责事故现场的控制、评估和处理，包括进行必要的救援、清理和后续的调查。在这一级别的响应中，通常不需要广泛动员资源，也不需要大范围地疏散或动员民众。

3.事故应急救援体系响应程序

事故应急救援体系的响应流程分为几个阶段，包括接警与确定响应级别、启动应急程序、实施救援行动、进入应急恢复和宣布应急结束等。

（1）接警与确定响应级别。当接收到事故报警信号时，相关人员需依照既定程序，对报警信息进行分析判断，并初步设定相应的响应级别。若事故规模未达到激活应急救援体系的最低要求，则不启动应急响应。

（2）启动应急程序。一旦应急响应级别被确认，相关工作人员将根据该级别，启动对应的应急措施，主要包括通知应急中心人员就位、搭建信息与通信网络、调配必要的救援资源（如应急队伍、物资和装备）以及成立现场指挥部等。

（3）实施救援行动。一旦应急队伍到达现场，立即开始进行事故调查、设立警戒线、疏散人员、实施救援措施以及快速进行抢修等工作。同时，专家团队也提供有关救援决策的建议以及技术支持。如果遇到情况超出当前响应级别所能控制的情况，则会向应急中心申请启动更高级别的应急响应。

（4）进入应急恢复。完成救援行动后，进入临时应急恢复阶段。这一阶段主要包括现场清理、人员点名撤离、撤销警戒、后续处理及事故调查等工作。

（5）宣布应急结束。最后，执行紧急关闭程序，事故总指挥将正式宣布应急救援工作结束。

4.现场指挥系统的组织结构

在重大事故现场，情况通常极为复杂，涉及众多应急力量和大量资源。在此背景下，组织、指挥和管理应急救援行动成为主要挑战。

应急救援的现场指挥系统结构，应在紧急事件发生之前就确立。预先达成对指挥结构的共识，有助于确保各参与方在应急救援过程中明确自己的职责并有效执行。该系统的模块化结构包括五个核心职能：指挥、行动、策划、后勤以及资金/行政。

（1）事故指挥官。事故指挥官担负着现场应急响应的全面工作，包括设定事故处理目标、制定达成这些目标的策略、批准事故行动计划、高效利用现场资源、确保人员安全健康，以及管理所有应急行动。事故指挥官还负责指派负责安全、信息收集与发布以及与其他应急参与方的通信联络等方面的专责人员，如安全负责人、信息负责人和联络负责人，这些人员将直接向事故指挥官汇报。

（2）行动部。行动部职责包括执行所有主要的应急救援行动，例如，消防与抢险、人员搜救、医疗救治、疏散与安置等。所有战术行动都根据事故行动计划执行。

（3）策划部。策划部负责搜集、评估、分析并发布与事故相关的战术信息，准备和草拟事故行动计划，并对相关信息进行归档。

（4）后勤部。后勤部的工作是为应急响应提供必要的设备、物资、人力、运输和服务等支持。

（5）资金/行政部。资金/行政部的角色是跟踪记录事故相关的所有费用并进行评估，以及承担其他部门未覆盖的管理职责。

第五章　市政工程施工项目成本管理

第一节　施工项目成本管理概述

一、施工项目成本的概念、构成及形式

（一）施工项目成本的概念

施工项目成本是建筑企业的产品成本，指在建设工程项目的施工过程中，发生的全部生产费用的总和，包括所耗费的生产资料转移价值的货币形式，即消耗原材料、建筑构配件、辅助材料、周转材料的摊销费或租赁费，所使用施工机械的台班费或租赁费等；还包括劳动者的必要劳动所创造价值的货币形式，即向生产工人支付的工资、奖金、工资性质的津贴、福利，以及进行项目施工组织与管理产生的全部费用支出等，由直接成本和间接成本所组成。施工项目成本不包括不在施工项目价值范围内的非生产性支出以及劳动者为社会所创造的价值。

施工项目成本也称为工程成本，其成本核算对象一般为项目的单位工程，施工项目成本通过各个单位工程的成本核算综合反映得到。

（二）施工项目成本的主要构成

施工项目于成本按生产费用计入产品成本的方法分为两种形式：直接成本和间接成本。其中直接成本是指直接用于并能直接计入工程对象的成本费用，包括人工费、材料费、机械使用费和其他直接费。间接成本是指进行工程施工必须发生的但不直接用于也无法直接计入工程对象的成本费用，是施工单位在进行施工准备、组织及管理过程中所发生的各项支出，包括管理人员的人工费、劳动保护

费、职工福利费、办公费、差旅费等，通常是按照直接成本的比例来计算。

（三）施工项目成本的主要形式

施工项目成本按照项目的进展和成本发生的时间及成本管理需要，可以分为承包成本、计划成本和实际成本三类。

（1）承包成本也称为预测成本，是根据施工图，依据国家规定的相关定额、工程量的计算规则以及各地区的有关规定（市场价格、劳务价格、价差系数等），并按相关取费费率进行计算得到。承包成本反映了企业竞争的成本，它不仅是确定工程造价的基础，而且是编制计划成本、评价实际成本的主要依据。

（2）计划成本是指在实际成本发生前，根据有关资料预先计算的成本，计划成本是反映企业在计划期内应达到的成本水平。它对建立和健全施工项目成本管理责任制，提高项目经理部的经济核算，降低、控制施工项目成本及施工产生的费用，起着非常重要的作用。

（3）实际成本是在报告期内施工项目实际产生各项费用的总和。计划成本的测算和实际成本的管理受企业经营管理者的能力、职工的素质和技术水平及项目本身的施工条件的影响，并能反映施工企业的成本管理水平。

二、施工项目成本管理系统

施工项目成本管理是贯穿整个项目生产经营活动而发生的一个动态过程，从而在合理的消耗下完成施工企业经营目标和履行合同的过程，是施工企业成本管理的重点。工程项目成本管理是指对项目自开工至竣工的成本全过程管理，包括成本预测、成本计划、成本控制、成本分析、成本核算和成本考核等一系列管理过程。

（一）成本预测

成本预测就是根据此项目具体情况及现有成本信息，科学有效地预测未来成本及其发展趋势，其实质是在项目开工前对成本进行估算。项目经理部在满足施工单位与业主要求的前提下，通过事先分析，对成本进行预测，并选择低成本、效益好的最优方案，特别在薄弱环节上要加强成本控制，以提高预见性，减少决策的失误。如对投标时的利润预测、人工费用及材料费用的预测以及方案变化时的预测等进行准确的预测，才能更好地保证工程成本最低，减少不必要的损失。

（二）成本计划

成本计划是由项目经理部编制并实施的计划方案。一个施工项目成本计划应该包括从项目开工到项目竣工可能发生的所有施工成本，比如，项目在计划期内的成本水平、生产费用、为降低成本所采取的方案等，它是开展成本控制和核算的基础，是降低项目成本的指导文件，是建立项目成本管理责任制的保障，更是设立目标成本的依据。

（三）成本控制

成本控制可以分为事前控制、事中控制和事后控制三类。成本控制是指在施工过程中，采用各种有效措施，严格控制施工中实际发生的人工、机械、材料的各项支出与消耗，降低工程成本，达到预期的项目成本目标所采取的一系列活动。为减少成本损失，项目成本控制应强调事先控制和主动控制，因此要求项目经理部必须明确各级管理人员及员工的权限与责任，对影响项目进展的各种因素加强管理，对施工过程中的各项开支进行监督，及时预防，随时提出意见和建议，及时发现问题、纠正偏差，从而把实际成本控制在预定计划之内，达到企业经营效益的目标。如针对工程材料费就应该通过材料总量、材料分阶段用量和材料的购置计划等进行事前控制，避免材料费用的浪费。

施工成本控制是施工企业进行成本管理的重要环节，应贯穿于从项目开标到项目竣工验收的整个施工工程。

（四）成本分析

成本分析是基于项目成本进行的一种比较与总结的工作，成本分析作用于整个项目成本管理阶段，是利用项目成本核算及成本计划、预测等相关资料，分析了解成本水平与构成的变动情况，系统地分析成本变动原因及经济指标对成本的影响，寻找降低成本的有效途径和方法，做到有效地进行成本管理。

成本分析可以采用因素分析法、比较法、比率法、差额计算法等计算方法。影响施工项目成本变动的因素主要由内部因素及外部因素两个方面构成，其中内部因素属于企业自身经营管理的因素，外部因素主要是来自市场经济的因素，在进行成本分析时，应把分析重点放在直接影响施工项目成本的内部因素上，例如，设计图是否变更过多，投资和计划阶段是否有足够的专业投资人员参与控制等都是要着重进行考虑、分析的因素。

（五）成本核算

成本核算是对施工项目的各项费用支出及发生的管理费用进行的核算，按照规定计算出实际发生的施工费用，对已发生的成本进行分配和归集，以计算出总成本和单位成本。成本核算的正确与否，直接影响企业的成本预测、计划、分析、考核和改进等控制工作，同时也会对企业的成本决策和经营决策的正确与否产生重大影响。因此，成本核算对目标成本的实现起着至关重要的作用。

（六）成本考核

成本考核是指项目完工后，对与施工项目成本有关的各管理者和工作人员，以企业的成本计划为标准，把成本实际完成情况的具体指标情况同计划完成情况的各项指标进行对比，以考核成本的完成情况，并根据各责任者的业绩给予一定的奖惩措施，以提高经济效益为首要目标。通过成本的考核情况对责任者做到奖罚分明，不仅能够提高员工的主动性、积极性，鼓励员工努力完成成本目标，而且能够为增加企业利润、降低工程成本做出贡献。同时，可结合阶段性成本考核和月（季）度成本考核两种考核方式，这样能够保证项目在实施阶段的工程质量和工作效率，起到事半功倍的效果。

三、公路施工项目成本管理的影响因素

就目前而言，多数公路施工企业对于项目成本管理工作不够细致，没有达到预期的效果和目标，主要是受到以下几个因素的影响。

（一）对成本管理认识不足

交通运输行业的飞速发展，但是很多公路施工企业往往缺乏管理和经营的经验，只注重经济利益而忽略成本控制所带来的效益，再加上公路施工项目的利润往往相对较高，使得公路施工企业的管理人员和经营人员对于成本控制所带来的效益不够重视，从而忽视对成本的管理和控制，对成本控制所可以带来的巨大效

益和作用认识不足，这也就直接造成了企业在成本管理和控制方面的空白。

（二）公路工程项目施工的质量成本高

质量成本，指的是为了保证和提高工程项目的质量而采取的必要措施所消耗的费用，以及因质量问题而造成的经济损失。它可以分为因使用方索赔、公路保修所导致的外部故障成本，因工程停工、返工所导致的内部故障成本，质量预防费用以及质量检测费用四种。当前，部分企业一味追求利润，盲目降低成本，忽视公路施工质量，使得工程质量不合格，既额外付出了质量成本，又使得企业的信誉受到质疑；还有一部分企业与之相反，过分注重工程质量，造成成本过高，也使得质量成本不断上升。

（三）公路工程项目施工的时间成本高

所谓的时间成本，是指为了实现工程预期目标或合同规定的工期而采取必要的措施，进而产生的所有相关费用。工程项目的建设都必须按照特定的工期进行，不可随心所欲地进行建设。同样，工期短并不意味着时间成本低，只有在相对合理的时间内，完成工程项目的施工，才能将时间成本降到最低。当前大部分公路施工企业往往忽视时间成本，虽然存在明确的工期要求，但是因管理控制不当，导致工程延期；也可能因为气候和环境等因素的影响，没有及时对工期进行合理调整，进而使得时间成本增加。

（四）公路工程项目施工的物资材料成本高

一般来说，公路施工项目所需的物资材料成本占据工程整体成本的60%～70%，可以说是整个工程项目成本中最为重要的部分。但是，多数企业在进行施工准备时，没有详细估算工程项目所需要的物资和材料的数量，在购进材料时没有严格对材料的质量进行检测，导致物资材料的数量和质量存在较大的误差；同时，采购价格不透明，暗箱操作使得成本损失较大；对于材料的储存和管理不够细致，使得材料出现被破坏和浪费的情况；物资材料储存地点选择不当，如与施工地点距离过长，导致运输成本增加。

四、公路施工项目成本管理的控制措施

（一）正确认识成本管理

随着市场体制改革的加快，企业所处的环境逐渐由计划经济向市场经济进行转变，在计划经济时期形成的传统的成本管理方法和措施已经不能满足市场经济的需求，因此，需要对成本管理有一个系统全面的认识和了解，针对企业自身的实际情况，对成本管理控制的理念和操作方法进行创新，从制度和理念方面对建筑企业成本控制的重要性有一个充分正确的认识，真正对成本控制重视起来。

（二）加强质量成本控制

在对质量成本进行控制时，必须全面分析，正确认识和处理质量损失预防费用与检验费用之间的相互关系。公路项目的成本管理必须具备全面性，贯穿于整个工程项目的所有细节和始终。在分项工程开始之前，要进行严格的计划和设计，与施工人员进行详细的技术交流，确保工程项目的施工质量可以达到合同规定和设计要求的质量目标。要对工程的施工过程进行严格的监督和管理，采用先进而实用的施工工艺和技术措施。要建立健全质量衡量的相关标准，确保每一道工序的质量都符合标准和规范，避免因质量问题造成成本的增加。

（三）加强时间成本控制

时间成本的控制目标是将优化工期与降低成本相互结合，使得时间成本的总和达到最小。在工程项目的施工过程中，施工企业应着重加强事前控制和事中控制。对于施工准备阶段的时间成本控制，要根据工程设计的具体内容，结合施工现场的实际情况，制定合适的工期，确定成本目标，制定出科学的成本控制方案；对于施工过程中的时间成本控制，要确保可以在合同规定的工期内完成施工，要对时间成本进行动态跟踪和管理，尽可能降低时间成本。

（四）加强物资材料成本控制

工程物资材料的成本费用是整个工程项目能否顺利进行的关键，对其管理可以采取两种方式。一是，选择信誉好、产品质量好、价格公道的稳定的供应商。稳定的供应商可以使得材料的支出费用维持在一个相对稳定的状态，不会因为市

场的供需变化而出现较大的起伏和波动。同时，产品的质量也可以得到保证，一旦出现质量问题也可以随时进行更换和调整。企业采购部门还可以利用长期合作的关系，在供应商处得到一定的优惠，进一步降低成本。二是，对采购和运输流程进行规范。在进行物资材料的采购时，要配备专业的采购人员，最好可以安排施工人员共同前往，可以凭借施工人员对材料的熟悉保证采购物资的质量。另外，在物资材料的运输过程中，要实行“传、帮、带”的模式，新员工要在老员工的帮助和带领下工作，老员工也要将自身对材料节省和原材料的合理利用等方面的知识和技巧传授给新员工，迅速提高新员工的自主工作能力，这样也可以节约材料费用。

第二节　施工项目的目标成本

一、目标成本概念及组成

（1）所谓目标成本，是项目对未来产品成本所规定的目标（它比已经达到的实际成本要低），是必须经过努力才能够达到的。计算公式如式5–1、式5–2。

项目目标成本=预计结算收入–税金–项目目标利润　　（式5–1）

目标成本低额=项目预算成本–项目的目标成本　　（式5–2）

（2）项目目标成本一般由直接目标成本和间接目标成本两部分组成。直接目标成本主要反映需要实现工程的目标价值，包括对人工、材料、机械使用费及运费等各项主要支出进行具体划分，并分别制定各自的目标。间接目标成本主要反映施工现场管理费用的目标支出数，其制定应以工程项目的核算期为依据，将项目总成本费用中所产生的管理费用作为间接成本的基础，以此制定各部门的目标成本收支，加以汇总得到工程项目的目标管理费用。

二、目标成本的编制及确定

（一）目标成本的编制依据

目标成本的编制依据包括：施工预算，合同报价书，施工组织设计，人工费、材料费、机械使用费的市场价格，企业内部制定的材料、机械台班、劳动力的标准，周转设备租赁价格及摊销损耗标准，施工成本预测资料，已签订的工程合同、分包合同及结构件外加工计划合同，有关财务的历史资料，成本核算制度以及其他相关资料。

（二）目标成本的编制方法

（1）按施工成本组成编制：施工成本可分为人工费、材料费、机械使用费、间接费和措施费。

（2）按子项目组成编制：一个工程项目可分为若干个单项工程，每个单项工程又可以分为多个单位工程，单位工程可以继续分成多个分部、分项工程。因此目标成本可以逐步进行分解，先分解到单项工程中，再由单项工程分解到单位工程，接着由单位工程分解到分部、分项工程中。例如对资金使用计划分解，可以把项目总投资按年、（季）月分解到单项工程和单位工程中。

（3）按工程进度编制：此方法是按时间进度编制的目标成本，可利用项目进度的网络图进行扩充得到。一般建立网络图时要确定两个方面的内容，即完成工作施工成本的支出计划和完成每项工程需要的时间。在实际工程中，同时能够表现施工成本的支出计划和时间这两个方面的内容是很难的，通常过度分解施工项目的成本支出计划，对于每项工作做确定成本支出计划就很困难，反之也一样。因此，对于编制网络计划的项目划分，应该充分考虑进度控制和确定施工成本支出计划对其的要求，兼顾二者。

以上三种编制目标成本的方法是相互联系的。在实际工程中，往往把这几种方法结合编制目标成本。把按子项目组成编制方法与按成本构成编制方法结合，横向按子项目分解，纵向按成本构成分解。既可以很方便地检查出各分部、分项工作的工作情况，又可以检查各项支出是否落实，直观地反映出校核结果。此外还常用一种结合方法，将按子项目编制方法与按工程进度编制方法相结合，把进度时间与各项工作很好地分解，横向按时间分解，纵向按子项目分解。

三、目标成本管理的重要性及产生原因

（一）制定可操作性工程成本控制依据的重要性及关键性

工程作为施工企业的产品，由于其结构、规模和施工环境各不相同，各工程成本之间缺乏可比性。因此，如何针对单体工程项目制定出可操作的工程成本控制依据（目标成本）十分关键。工程项目成本管理与一般产品成本管理的根本区别在于它的目标成本管理是一次性行为，它管理的对象只有一个工程项目，随着这个工程的完工而结束其历史使命。不管该工程项目的目标成本是否能实现，仅在此一举，再无回旋余地，足见作为工程成本控制依据的目标成本的制定复杂而重要。

（二）施工企业可操作性成本控制依据（目标成本）的产生原因

1.施工企业对于工程目标制定存在过于简化性致使目标成本居高

很多施工企业对于工程目标成本的制定过于简单化和表面化，只是简单地按照经验工程成本降低率确定一个目标成本，而忽略了该工程的现场环境以及施工条件以及工期的要求，项目经理部内部又将这一目标成本按照工程成本的构成即人工费、材料费、施工机械费、间接费用等按同比例套算下来，而不管这些成本项目到底有多大的利润空间；在项目成本管理措施方面，只有简单的规章制度，具体由谁去做、怎样做、做到什么程度都没有提及，都是一些空洞的理论性规定，根本无法执行。这样的目标成本由于没有和实际施工程序结合起来，可操作性差，起不到控制作用，更无法分析出成本差异产生的原因。因为各工程项目之间没有可比性，结果到下一个工程项目照样如此，最终使目标成本永远停留在“目标”上。

2.施工企业领导对成本管理存在认识上的误区导致成本的增加与浪费

长期以来，有些企业的经理一提到成本管理就想到这是财务部门管的事情，有些工程项目经理简单地将项目成本管理的责任归于项目成本管理主管或财务人员。其结果是技术人员只负责技术和工程质量，工程组织人员只负责施工生产和工程进度，材料管理人员只负责材料的采购和点验、发放工作。这样表面上看起来分工明确、职责清晰、各司其职，但唯独缺少了成本管理责任。如果生产组织人员为了赶工期而盲目增加施工人员和设备，必然会导致窝工现象发生而浪

费人工费；如果技术人员现场数据不精确，必然会导致材料二次倒运费的增加；如果技术人员为了保证工程质量，采用了可行但不经济的技术措施，必然会使成本增加。由此可见，工程成本管理是一个全员、全过程的管理，目标成本要通过施工生产组织在实施过程中实现。成本管理的主体是施工组织和直接生产人员，而不是财务会计人员，财务人员是成本管理的组织者，而不是成本管理的主体，不走出认识上的误区，就不可能搞好工程成本管理。

第三节　施工项目的成本控制

一、成本控制的依据

（一）施工目标成本

施工目标成本是施工成本控制的指导性文件，根据具体的成本控制目标和实现目标所采取的措施和规划制定的施工成本控制方案。

（二）工程承包合同

施工成本控制要依据工程项目承包合同，以降低工程成本为目标，寻求降低实际成本和增加预算收入的最优办法，以取得经济效益最大化。

（三）进度报告

进度报告提供了工程实际支付、工程实际完成量等重要信息。通过对比实际成本与目标成本，找出偏差并分析其产生的原因，采取措施，从而改进以后的工作。进度报告还能帮助管理者及时地发现工程施工中存在的弊端和隐患，从而在事态较轻时采取有效措施，以避免不必要的损失。

（四）施工组织设计

投标商在研究招标文件及认真考察现场以后，编制正式施工组织设计。施工组织设计应该满足招标文件中关于工程质量、施工工期的具体要求，并在技术上可行、经济上合理。通过优化施工组织设计，制定合理的施工方案，可以有效地降材料使用量、对工序和工时合理安排，因此它也是制定工程目标成本的重要依据。

除了上述几种施工成本控制依据外，工程变更、分包合同文件等也是施工成本控制的依据。

二、成本控制的步骤

当项目目标成本确定了，就一定要定期地进行实际值与目标成本值的比较，当二者有所偏离时，应及时分析偏差产生的具体原因，并采取适当有效的纠偏措施，从而保证施工成本控制目标的实现。其步骤如下：

（一）比较

逐项比较施工实际成本值和目标成本值，从而确定施工成本是否超出预算。

（二）分析

根据分析比较的结果，进一步确定产生偏差的原因并分析严重程度。这是施工成本控制的核心工作，主要是为了找出偏差产生的原因，然后有针对性地采取适当的措施，避免类似问题的再次发生，从而减少由此产生的额外费用支出。

（三）预测

预测是根据项目的具体情况来估算整个项目完成时所需的施工成本，其目的是为决策提供支持材料。

（四）纠偏

当工程项目的实际成本产生了偏差，要按照工程的实际情况、偏差分析以及预测的结果及时有效地采取相应措施，使施工成本的偏差达到最低限度。纠偏是施工成本控制中具有较大实际意义的一步，只有通过纠偏，才能保证有效控制施工成本这一目的的实现。

（五）检查

检查是对整个项目进展进行的跟踪和检查，及时有效地了解工程的进展状况和纠偏措施的执行情况，为以后的工作奠定基础。

三、成本控制的方法

（一）横道图法

横道图法是指用不同的横道标示出相关的数据，包括：已完工程计划施工成本、已完工程实际施工成本和拟完工程计划施工成本，横道的长度和对应金额成正比。横道图法具有直观、清晰、形象等优点，能够明确表达出施工成本的绝对偏差及偏差的严重性。但通常横道图包含的信息量少。

（二）表格法

表格法是进行成本控制最常见的一种方法，表中包括项目编号、名称、各施工成本参数以及施工成本偏差数，并可以直接在表格中进行比较。各偏差数都可以被直观地表示出来，有助于管理人员综合了解这些数据。表格法的优点是可根据实际需要设计表格，进行增减项，适用性强，可以反映成本控制所需的资料，有利于施工成本控制，及时采取针对性措施，加强控制。大量的数据可通过计算机来处理，减少人工劳动、提高速度、节约时间。

（三）建立施工项目责任成本中心

施工项目责任成本中心指“责权利”相统一的、对所发生的成本费用能够加以控制的、承担相应经济责任的企业内部单位。一般分三级：项目经理部、施工作业队和施工班组，各级负责人为“中心”责任人。根据不同的成本要求将目标成本进行细分后落实到每个阶段，纵向分解到施工作业队和施工班组，横向分解到项目部各分管领导和职能部门，建立纵向到底和横向到边的目标责任体系，形成全员、全方位和全过程的项目成本管理格局，把个人利益与成本指标密切挂钩，严格考核，奖罚兑现。项目经理部依此细化和分解责任成本，以施工作业队或施工班组为基本核算单位，进行单项工程承包或工序单价承包，签订合同，明确责、权和利。

（四）考核施工项目责任成本中心

“中心”只对可控成本负责，考核时尽量排除不可控制的成本，可控成本主要有：

（1）“中心”能够了解的、即将发生的成本。

（2）“中心”能够计量的、即将发生的成本。

（3）“中心”能够调节和控制的成本。

“中心”当期发生的各项可控成本之和是责任成本，考核指标是成本降低额和成本降低率。企业对项目经理部的责任成本指标是责任目标成本降低额和责任目标成本降低率；项目经理部对施工作业队和班组的责任成本考核指标是责任施工预算成本降低额和责任施工预算成本降低率。对“中心”的业绩考核，是通过财务部门按月编制的责任成本报表来体现。责任成本报表要列示：合同预算成本、责任目标成本、施工预算成本、实际成本、超支或节约差异。

（五）确定施工项目责任目标成本

工程项目中标后，应及时组织有关人员对工程项目进行市场分析。因为工程项目投标是根据全国统一建筑安装工程定额的人工、材料和机械消耗的编制计算进行工程项目报价的，与市场实际实价格存在一定的差距，所以，要根据工程项目的合同条款、施工条件、各种材料的市场价格、劳动力价格和市场机械的实际价格等因素，测评工程项目的目标成本，找出关键的控制点，心中有数地确定目标利润并下达到工程项目部，作为项目部的责任目标成本。它是企业对项目部提出的指令性成本目标，是对项目部提出的起码要求。

（六）编制施工项目施工图纸预算

施工预算成本是项目经理部根据企业下达的责任成本目标，详细编制施工组织设计，在不断优化施工技术方案和合理配置生产要素的基础上，通过对“工、料、机”的消耗分析和制定节约措施而制定的现场目标成本。施工预算成本总额应控制在责任目标成本范围之内并留有余地，项目部用施工预算对全过程的施工成本进行控制，将施工预算成本落实到各施工作业队和班组，形成一个分工明确和责任到人的成本管理责任体系。施工前，企业要把施工预算之差反映成计划施工盈利，以此为目标指导和制约全过程的施工活动。施工中项目预算员，应根据设计变化更新或及时调整施工预算，同时将变更后的施工预算下达到施工作业队及班组。甲方原因所致的预算增减，应及时报送建设单位经其签证认可，方可作为追加预算的依据，未经签证认可不能付诸施工。

（七）制定施工企业内部施工定额

企业内部的施工定额是编制施工预算的基础，企业根据生产要素的市场价格、管理水平和施工技术，按照“成本最小，组合最优”的原则，制定企业内部先进合理的劳动定额、物资消耗定额、设备利用定额和费用控制定额。内部定额可根据市场和企业情况进行调整，对正在施工的项目可根据调整后的施工定额对预算成本及时调整。

（八）合理编制施工管理支出预算

工程项目管理费应根据科目及分配率进行分析，项目部应编制施工管理费支出预算，严格控制支出，争取每一笔开支在金额上最合理、在时间上最恰当，同时控制在计划之内，对超计划和计划外的开支，要严加审查。

（九）建立完善采购和收发料制度

在项目开工前，应编制单位工程材料的总量计划，预测材料需求总量，控制材料消耗。现场要根据施工进度计划先期储料，在不影响施工的前提下，尽可能少存材料，以加速资金周转，防止过多地占用资金。工程施工所需材料，严格按照《采购管理程序》ISO 9002进行采购：由项目部预算员根据施工计划核定用料计划，交材料供购部门组织采购；材料供购部门在充分进行市场调查的基础上，通过比质、比量和比价确定各种材料的购进价格，收料要严，出料要紧。

（十）强化索赔意识抓好索赔工作

索赔是相对降低成本的措施。从施工一开始，就要认真研究施工文件、设计图纸、合同条款和现场条件等，找准切入点，抓住时机，及时编制索赔资料，据理力争，提高效率，把索赔工作贯穿在工程项目施工的全过程中。

（十一）及时进行施工项目完工清算

工程项目部对已完工的部分工程，不论是内部还是外部的施工队，都要完一项算一项，不留尾巴。当整个项目完工后，必须将有关的工程技术资料进行认真和细致的整理，及时组织有关人员搞好竣工结算——核实实际成本、分析目标成本、核对预算成本，并及时办理账务账目的结算和移交。

（十二）大力推广新技术和新工艺

虽然一次性投入较高，但综合效益好。如使用木模板在以下几个方面可降低费用：

（1）支撑体系简单。

（2）可浇出清水混凝土，不仅省略内外装修而且工程质量好。

（3）单块面积大、重量轻，操作速度快、劳动强度低。

（4）节省大量U型卡和支撑，从而减少了支撑点降低了支撑难度、简化了施工组织工作、提高了工程质量和经济效益。

（十三）建立施工项目的监督机制

为了防止施工项目在收支上违反国家和企业的相关规定，为了防止施工项目擅自加大工程的成本支出，必须采取企业选派财务人员的方式，强化对施工项目的经济控制力度。项目财会工作应该有很强的约束力，严格履行会计监督职能，完善财务的收支审批制度、内部审核制度、财产盘查制度和内部工程分包考核制度等，强化施工项目部的自我约束机制，严格控制成本，在保证工程质量的前提下实现企业的最佳效益。

第四节　施工项目的成本分析

一、成本分析的数据

施工项目成本分析主要有两个方面的作用：一是分析施工成本形成内容及成本变动的相关影响因素，以寻求降低工程成本的方法，此阶段利用会计、业务和统计核算等方面的资料进行分析。二是通过成本分析，能够读懂各项报表的实质内容，提高项目成本的可控性，为做好成本控制、达到项目成本目标奠定基础。

（一）会计核算

会计核算是一种旨在实现最优经济效益的管理活动，其主要进行价值核算，通过对工程项目已发生或已完成的经济活动进行事后核算，做出相关预测和相应的决策，并进行有效监督。通过会计核算来进行分析主要有六个要素指标：资产、成本、负债、利润、所有者权益、营业收入。合理地组织会计核算是做好施工成本核算工作的一个重要条件，但由于会计核算在反映的深度和广度上有很大局限，所以一般不会用其来反映其他指标，但其他指标会反映在会计核算的记录中。也正是因为会计记录具有连续性、全面性、系统性等特点，使它成为施工成本分析的重要依据。

（二）业务核算

业务核算包括原始记录和计算登记表，是各个业务部门根据自身相应的业务工作建立的一项考核制度，反映并监督各个部门经济活动的一种方法。如质量登记，物资消耗定额记录，单位工程及分部、分项工程进度登记，定额计算登记等。业务核算不同于会计、统计核算，其涉及范围较广。业务核算对个别的经济业务进行单项核算：只记载单一的事项，不进行综合整理、分析核算，只是粗略归类整理，其方法灵活、应用范围广泛，如各种技术措施、新工艺等项目。对于会计核算、统计核算，一般核算主体是已发生的经济活动，考察其可行性以及经济效果，有固定的方法理论。业务核算可以对准备采取措施的项目进行核算和审查，分析其预期效果，并可随时进行。同时也可以对已经完成的项目进行审核，分析其取得的效果和是否达到原定目标。业务核算可以迅速取得资料，在经济活动中能够及时调整方案，取得良好效果。

（三）统计核算

统计核算是用统计的方法进行的数据整理。利用会计核算资料，汇总有关企业生产经营活动的大量数据并进行统计核算，分析其规律。统计核算可以用货币、实物或劳动量计量，其计量尺度比会计核算宽松。统计核算通过抽样调查和全面调查等方法，提供绝对数指标、相对数和平均数指标，一方面可以计算当前的实际水平，确定变动速度；另一方面可以预测未来的发展趋势。

二、成本分析的方法

因素分析法、差额计算法、比率法、综合成本分析法等均为施工项目的成本分析法。因素分析法和综合成本分析法是本节的研究对象。

（一）因素分析法

分析因素对成本的影响程度高低可采用此方法。假定某一因素发生了变化，而其他因素不变，通过进行替换、计算、比较，进而得到因素影响成本的程度高低。例如，在进行混凝土浇筑时，实际成本高于计划成本，可采用因素分析法对相关因素（单价、用量等）进行分析研究。

（二）综合成本分析

综合成本分析，涉及各种生产要素，并受许多因素影响，如项目的成本分析、月（季）度成本分析、成本费用分析、年成本分析等。

1.分部、分项工程分析

分部、分项工程分析是施工项目成本分析的基础。按照分析方法来估计成本，通过目标成本和实际成本的比较，分别计算实际偏差和目标偏差，并分析产生偏差的原因，从而节省项目的部分和预期成本。

分部、分项工程分析资料的来源：预算成本、投标报价的成本、实际数量的施工任务单的实际成本、单位的实际消费和限制材料的实际消耗。

施工项目中包含很多分部、分项工程，进行分析时只针对主要分部、分项工程进行成本分析，但对于一些规模较小的项目，项目的成本可以忽略不计。通过对该项目的主要组成部分的系统分析，可以为未来项目的成本分析和成本管理打下良好的基础，进而完成项目成本分析的全过程，最终形成基本的了解。

2.月（季）度成本分析

月（季）度成本分析，在建设项目的一次性特征的成本分析中往往显得尤为重要。按月（季）度成本分析，能及时发现问题，可以为成本的监督和控制指明方向目标，以保证成本目标的实现。

月（季）度成本分析是根据上月（季）的成本报告进行分析。分析的具体内容如下：

（1）通过实际成本与累计成本的比较，得到当月（季）的降低成本水平。将实际成本与预算总成本进行比较，并预测趋势，以实现该项目的累计成本的成本分析。

（2）通过比较实际成本与目标成本，发现目标成本和目标管理中存在的问题和不足，以便采取措施加强成本管理，从而确保成本目标分析的实现。

（3）通过项目成本分析，可以清楚地了解总成本和费用管理的薄弱环节。例如，成本分析过程中，人工、机械等项目的直接成本和间接成本严重超支，应该认真研究这些成本和增加的收入与支出之间的比例，采取适当措施，以防止成本进一步超支。应该以控制支出为出发点，并努力降低成本超支额。

3.年成本分析

每年进行一次结算的企业成本，绝不能被转移到下一年，项目成本结算期在从开工到竣工保修期内，必须是连续的，最后得到其总成本的利润和亏损情况。一般项目建设周期较长，所以不仅要进行月（季）成本核算和分析，而且每年的成本核算和分析也是必不可少的。年度报告编制，不仅能满足业务需求的成本，而且能满足工程造价管理的需要。

通过年度成本的综合分析，可以总结出成本管理在过去一年中的优势和劣势，为未来积累经验和教训，以便及时和有效地进行工程造价的成本管理。

在年度成本分析的基础上应对每年的费用进行报告。年度成本分析的内容，不仅应包括月（季）等方面的成本分析，而且应包括下一年度根据具体的规划建设进度、成本管理，提出切实可行的措施，以确保项目目标的建设成本。

4.竣工成本的综合分析

由几个进行单独成本核算的单位工程组成的建设项目，竣工成本分析应把各单位工程竣工成本分析作为基础，加入项目经理部运营效率（如资本流动）进行分析。

第五节　公路工程施工项目的成本预测

施工成本预测是根据成本信息和施工项目的具体情况，运用一定的专门方法，对未来的成本水平及其可能的发展趋势做出科学的估计，这是在工程施工以前对成本进行的估算。通过成本预测，在满足业主和本企业要求的前提下，选择成本低、效益好的最佳方案，加强成本控制，克服盲目性，提高预见性。

一、人工费用预测

首先分析工程项目采用的人工费单价，其次分析人工的工资水平及社会劳务的市场行情，最后根据工期、人员数量分析该工程合同价中人工费是否超支，并根据分析结果提前进行预测和合理进行人员规划调整。

二、材料费的预测

材料费占建安费的比重极大，应作为重点予以准确把握，首先分别对主材、地材、辅材、其他材料费进行分析，以核定材料的供应地点、购买价、运输方式及装卸费，其次分析定额中规定的材料规格与实际采用的材料规格差异，最后汇总分析。

三、机械使用费的预测

投标施工组织设计中的机械设备型号、数量，一般是采用定额中的施工方法套算出来的，与定额差异、工作效益也有不同，因此要测算实际将要发生的机械使用费。同时，还要计算可能发生的机械租赁费的摊销费用，对主要机械重新核定台班产量定额。

四、施工方案引起费用变化的预测

工程项目中标后，必须结合施工现场的实际情况制定技术上先进可行和经济上合理的实施性施工组织设计，结合项目所在地的经济、自然地理条件、施工工艺、设备选择、工期安排等实际所采取的施工方法与标书编制时的不同，或与定额中施工的方法不同，以据实做出正确的预测。

五、辅助工程费的预测

辅助工程是指工程量清单或设计图纸中没有给定，而又是施工中必不可少的。

六、成本失控的风险预测

项目成本目标的风险分析，是指对在项目中实施的可能影响目标实现的因素进行事前分析，通常包括对工程项目技术特征的认识，对业主单位有关情况的分析，对项目组织系统内部的分析，对项目所在地的交通、能源、电力的分析，对气候的分析。工程项目目标成本和工程项目成本降低率的计算公式如式5-3、式5-4。

工程项目目标成本=工程项目预算收入–税金–项目计划利润–经济承包上缴指标（式5-3）

工程项目成本降低率=（项目预算成本–项目目标成本）÷项目预算成本 × 100%（式5-4）

式5-3中的项目计划利润包括工程法定利润和工程计划利润（预计成本降低额）两项，项目目标成本即计划待实现成本。

工程项目目标成本用盈亏平衡分析原理来计算，计算的公式如式5-5：

单位目标变动成本=（工程预算收入–税金–计划利润–经济承包上缴额–

固定成本总额）÷计划完成工作量　　　　（式5–5）

七、计算经济效果

降低成本的措施确定后，要计算采取的经济效果，是对保证成本目标的预测，计算公式如式5–6。

成本降低率=（工资成本占全部比重）×[1–（1+平均工资计划增长率）÷（1+劳动生产率计划增长率）]　　　　（式5–6）

（1）机械使用费降低而使成本降低，计算公式如式5–7。

成本降低率=机械成本占全部比重×机械使用费降低率　　　　（式5–7）

（2）由于材料、燃料等消耗降低而使成本降低，计算公式如式5–8。

成本降低率=机械成本占比重×材料、燃料等消耗降低率　　（式5–8）

第六节　公路工程施工项目的成本计划

一、编制原则

（1）实事求是，不重不漏，具有可操作性。

（2）实行零利的原则。

（3）可比性原则。

（4）先进性原则。

二、编制依据

（1）本年度已落实的施工生产任务及相应的合同文件、设计文件、工程量清单。

（2）实际指导施工的施工组织设计。

（3）内部施工定额、材料计划价格、人工工日单价、机械台班及其他各类费用支出标准。

（4）近几年发生的期间费用和其他独立核算单位的成本资料。

（5）在工程施工中积累的、先进的施工方法和管理经验。

三、成本计划组成

（1）成本包括三部分：直接费（人工费、材料费、机械使用费）、其他直接费、现场经费（现场管理费、临时设施费、调遣费）。

（2）成本计划包括：计划内成本计划和计划外成本计划。

①计划成本内计划中的工程项目、工程量与设计文件合同清单中的相一致。

②计划外成本计划是合同变更部分的成本计划，包括两部分：施工过程中增加的工程量，并经业主签字确认；施工过程中工程项目增加或改变，并且业主有明确的方案或要求。

四、编制方法

成本计划的编制采用单价法、施工预算法和经验估算法相结合的方法。直接费中能够以单价形式计算的，采取施工预算法；现场经费、期间费用采取经验法核定。

（一）施工预算法

（1）人工费等于施工定额工日数乘以人工工日单价。人工工日单价在本单位内部要统一，它是指在同一地区或相似地区采用统一单价。单价中包括施工人工开支的各项费用。

（2）材料费混合材料用量，按照施工配比计算（可根据现场实际情况和以往经验进行调整），其他材料用量，按照施工定额计算。预算单价以实际调查为准。

（3）机械使用费等于施工定额台班数乘以台班单价。本单位设备执行的内部台班单价、外租设备台班单价均不得高于限价。

（4）其他直接费原则上取施工辅助费和雨季施工增加费，或根据经验值进行调整（本条同样适用于单价法）。

（二）单价法

单价法是将工程量直接乘以综合单价作为成本计划。综合单价可以根据市场行情、施工经验、现场环境综合确定。如土方工程的集、装、运、压，路面混合料的搅拌、运输，钢筋加工的人工费、钻孔桩等均可采用单价法。编制成本计划应尽可能使用此法。

（三）经验法

（1）现场经费按照经验估算法进行现场核定，不仅要同本单位以往年度该项成本对比，而且要与先进的施工单位进行对比。现场管理按照人员工资、人数、费用等进行核定；临时设施费按照工程规模、工程类别进行核定；调遣费按照调遣里程、调遣方式、工程类别进行核定。

（2）期间费用按照经验估算法来确定，其中管理费按照科目逐项核定；财务费用由企业财会部门核对往来后，提出估算值；经营费用以前三年实际发生费用为基础，结合实际要求进行核算。

（3）其他独立核算单位成本计划按照经验估算法确定对内业务，根据前三年的收入与成本对比分析，结合本年度实际情况进行核定，收入应与往来单位的成本一致。

第七节　公路工程施工项目的成本控制

成本控制分为事先控制、过程控制和事后控制三个阶段。

一、事先控制

事先控制主要通过成本预算和决策、落实降低成本措施、编制目标成本而层层展开的。

其中事先控制由上级相关职能部门完成，内容有：完善内部定额体系，确定内部计划价格，合理确定成本目标，上级部门与项目部、项目部与工段班组制定目标成本，作为成本控制的依据。

（1）在对合同内容进行全面分析的基础之上，通过开展合同造价分析，建立控制目标。

（2）提出实施合同及控制造价的对策措施。

（3）根据目标成本建立相关台账。

二、过程控制

过程控制主要由项目部完成，是进行动态成本控制的关键，主要是指施工过程中项目部按施工组织设计，合理配置生产要素，对其所耗数量、单价和费用进行严格控制。项目部严格按照成本计划分解的情况进行资源的配置、严格按照施工生产计划施工，抓好宏观成本监督、检查、控制工作，最终实现闭合管理。项目部要把承包合同内的人工、机械、材料费用逐项落实到班组或个人，管理费用包干使用，逐项落实到人头。

（一）施工过程成本动态控制用“四单”传递

四单的内容为工长报告单、机械作业单、人工作业单、领料单。

“四单”传递程序：当日（最迟次日上午）工长填写报告单，一式两份交计划员，计划员填写人工作业单、机械作业单，专人填写领料单，最迟于次日把审批的工长报告单和“三单”分别送交劳资员（人工作业单）、机械统计员（机械作业单）、材料统计员（领料单）。

劳资员审核人工作业单，并填写人工成本台账；机械统计员审核机械作业单，并填写机械作业成本台账；材料统计员审核领料单，并填写材料成本台账。五日结算时，劳资员做人工费结算单，机械统计员做机械费结算单，材料统计员做材料费汇总单，分别交到财务办，并做移交记录。

（二）单据份数与移交存留

工长报告单一式两份，一份计划员留存，一份工长留存；人工作业单一式三份，财务、劳资员、计划员各存一份；机械作业单一式三份，财务、机械统计员、计划员各存一份；领料单一式四份，保管员、材料统计员、财务、计划员各存一份。

人工费结算单一式两份，财务、劳资员各存一份；机械费结算单一式两份，机械统计员、财务各存一份；材料费汇总单一式两份，材料统计员、财务各一份。

业务核算、统计核算单据保存至项目结束，并上交单位成本管理责任部门，原则上保存一年或按其他有关规定执行。

（三）具体填写要求

（1）计划内工程与计划外工程分别填写。

（2）单一质材料，按照规定的项目填写。

（3）水泥混凝土、沥青混凝土、水稳混合材料等填写混合材料数量。

（4）钢筋按照半成品出库填写数量，其中消耗量按照各单位要求的损耗计算。

（5）临建、复测、备料发生的人工费、材料费、机械费按日填写工长报告单。

（6）领料单中混合料的各种材料用量按照施工配合比计算填写。

三、事后控制

事后控制主要是指准确进行年度、交竣工项目的结算工作。进行年度、项目的成本构成分析，并与成本计划进行对比找出不足，为今后更好地开展成本管理工作创造条件。

四、成本工程控制中的重要事项

（1）管理费控制的重点：管理人员工资（人数）、小车费用、通信费和招待费。

（2）项目部在发生工程变更项目时，应及时将情况上报并将发生的成本单独统计。

（3）项目完工（包括续建项目）实行“封账”制。上级部门成立“封账”小组，根据项目的完成情况，“封账”小组到项目部监督、复核项目成本构成的真实性与合理性，并由财务部门下令“封账”，“封账”后，项目部向上级报账。“封账”后发生的成本与费用，未经上级相关部门审核同意，一律不允许进账。

（4）抽调专人到施工现场进行人工单价、机械台班和材料价格的调查，同时调查相邻标段、系统内具有可比性的项目的相关情况，定期进行公示。

五、边缘成本控制

项目边缘成本是指在项目部管理运作过程中，并非固定成本或可变成本的因素，给现场员工的情绪造成直接或间接影响而产生的负面效应，导致有形或无形地影响施工正常进行的边缘成本。

（一）发现问题成本

项目管理涉及的问题方方面面，各种矛盾较为集中，任何一个细小的问题如果没有被及时地发现或有效地处理，都会阻碍或影响施工生产的正常运行。所以要及时发现问题，超前介入，把矛盾消灭在萌芽状态，从而防止事态复杂化和扩大化。

（二）员工心理成本

施工企业具有艰苦、流动、分散、分居的特点。在这种环境下生活的员工，心理、生理压力和对企业服务状态的要求，明显高于其他行业企业的员工。改善员工生活水平，提高服务成本，减轻员工的心理成本，把员工的工作积极性、主动性和创造性调动好、发挥好、保护好。

（三）技术发散成本

技术管理渗透到施工管理的全过程，技术管理是以技术发散为前提。由于技术发散过程通过肉眼看不见，用手摸不着，用数字难以量化，就要求管理者投入必要的时间和精力来关注、处理技术发散时遇到的各种问题。要敢于、善于和乐于为技术人员撑腰，帮助技术人员化解、分担施工风险。要建立和完善应对技术风险的分摊机制，以及实行技术决策评审化、推广运用过程谨慎化等技术原则，让技术人员大胆地做好技术发散工作。

（四）三方互动成本

正确处理施工、业主、监理三方的关系。施工方要积极主动地与业主和监理机构加强沟通，做到事前早预防，减少因为互动不够延误了及时防范和处理问题的良好时机，导致处理问题的成本过高，或问题的扩大化和复杂化带来的不应有的经济、文化和社会风险。

（五）气象环境成本

气象环境对野外施工有较大的影响。要加强与当地气象服务部门的联系，充分利用他们提供的气象信息资源，合理地组织安排施工生产或适时调整施工方案，抵制因为天气变化对施工生产造成的影响，防范由此可能引发的灾害和经济风险。

第八节　公路工程施工项目的成本核算

成本核算采用五日计划、“四单”传递、日统计核算、五日财务核算、五日成本传递的方式进行。财务核算的主要依据是“三单”（人工作业单、机械作业单、领料单），财务部门设置与分项工程、工程细目、主要工作内容的对应关系表，新开工项目的财务设置必须经财务部门同意。

一、人工费核算

劳资员每日进行人工费统计核算。劳资员根据人工作业单中按实际完成工程量核定的工日数量与实际发生的工日数量进行对比分析，每日核算盈亏，找出量差、价差因素。5日内写出分析报告，上报主管经理。

二、材料费核算

材料统计员每日进行材料费统计核算。材料统计员将实际完成工程量核定消耗的材料数量、费用与实际完成工程量所消耗的材料数量、费用进行对比分析，每日核算盈亏，找出量差、价差因素。5日内写出分析报告，上报主管经理。

三、机械费核算

设备统计员每日进行机械费统计核算。设备统计员将机械作业单中按实际完成工程量核定的台班数量、单价、金额与实际发生的台班数量、单价、金额进行对比分析，每日核算盈亏，找出量差、价差因素。5日内写出分析报告，上报主管经理。

四、财务核算

项目部每5日进行财务核算，并在2日后将成本核算按规定的表格通过网络传递到上级主管部门。成本核算数据汇总后，每半个月形成项目部成本分析报告，向主管经理汇报。

第九节　公路工程施工项目的成本分析

一、月成本分析

月成本分析是指项目部通过对施工计划指向情况的控制与分析，加强对施工过程中成本关键点的控制，每月进行一次成本分析。分析的主要内容：分项工程的盈亏情况，查找盈亏原因，提出具体的整改措施，写出分析报告。分析的方法：主要依据人工、机械、材料日成本台账计算工序单价，人、机、料部门会同财务主管部门按照成本费用构成内容进行具体分析（其中人工费构成反映出按完成工程量核定的计件工资金额和人工的数量；机械费构成应该反映出机械的名称型号、车主名称、进退场时间、月租单价及金额等。材料费构成应该反映出消耗的主要材料出库的数量金额、实际消耗金额和填方的运费），将成本构成与施工组织设计对照比较、将实际施工进度和生产计划进度进行比较。

二、年成本分析

每半年进行一次成本分析。分析的主要内容：项目部总体效益情况，成本计划的执行情况，人、料、机的盈亏情况，现场经费的执行情况。

参考文献

[1] 刘景春，刘野，李江.建筑工程与施工技术[M].长春：吉林科学技术出版社，2019.

[2] 郭凤双，施凯.建筑施工技术[M].成都：西南交通大学出版社，2019.

[3] 惠彦涛.建筑施工技术[M].上海：上海交通大学出版社，2019.

[4] 苏健，陈昌平.建筑施工技术[M].南京：东南大学出版社，2020.

[5] 陈大川，曾令宏.土木工程施工技术[M].长沙：湖南大学出版社，2020.

[6] 杨转运，张银会.建筑施工技术[M].北京：北京理工大学出版社，2021.

[7] 王化柱，孙鸿景.建筑施工技术[M].天津：天津科学技术出版社，2021.

[8] 高将，丁维华.建筑给排水与施工技术[M].镇江：江苏大学出版社，2021.

[9] 张涛，李冬，吴涛.市政工程施工与项目管控[M].长春：吉林科学技术出版社，2021.

[10] 黄春蕾，李书艳.市政工程施工组织与管理[M].重庆：重庆大学出版社，2021.

[11] 苏小梅，杨向华，李坚.建筑施工技术[M].北京：北京理工大学出版社，2022.

[12] 肖义涛，林超，张彦平.建筑施工技术与工程管理[M].北京：中华工商联合出版社，2022.

[13] 胡文锋.施工技术安全与管理研究[M].长春：吉林科学技术出版社，2022.

[14] 郝银，王清平，朱玉修.市政工程施工技术与项目安全管理[M].武汉：华中科技大学出版社，2022.